湖南省科技创新计划资助项目（编号：2018NK2036）成果之一

功能树脂的绿色制备及应用

文瑞明　著

U0275205

中南大学出版社
www.csupress.com.cn
·长沙·

前言
Foreword

功能树脂是指具有某些特定功能的高分子材料。它们之所以具有特定的功能，是由于在其大分子链中结合了特定的功能基团，或大分子与具有特定功能的其他材料进行了复合，或者两者兼而有之。

功能树脂的范围较广，本书选取了作者的 2 个研究方向，从绿色化学的角度重点探讨了聚合物固载 Lewis 酸催化剂和聚合物固载相转移催化剂的制备方法、催化作用机理及在有机合成中的应用；探讨了后交联树脂的绿色制备及在废水处理中的应用。该研究工作历时 10 多年，研究项目先后 3 次得到了湖南省科技厅的立项资助。本书的写作尽量将收集到的文献资料和我们的研究工作贯穿于其中。为了让读者能较全面地了解科学的发展过程，本书从高分子化学的发展入手，由浅入深引入相关基础知识(即前 2 章)，同时为了突出本书特点，特将应用实例编写成 4 章，这 4 章的内容一大部分是我们的研究成果，可供同行参考。

本书在撰写的过程中，得到了俞善信教授和肖谷清教授的大力支持与指导，他们认真审阅了书稿并提出了许多宝贵的意见与建议，对此，作者深表谢意！限于作者水平，收集资料也可能不太充分，书中错漏之处在所难免，祈请专家和同行们批评指导。

作 者

2019 年 10 月 28 日

目录
Contents

第 1 章

绪论——高分子化学的发展

高分子,即 macromoleculer(大分子)或 high polymer 与 polymer(高聚物)。按照国际纯粹与应用化学联合会(IUPAC)的高分子命名法的规定,高聚物是指单体单元相互重复连接而成的,一般而言,大分子较适用[1]。

1.1　高分子化合物的分类

高分子化合物的种类繁多,随着高分子合成研究的发展,新的聚合方法不断出现,品种不断增加,为了便于研究和讨论,需要加以分类。通常的分类方法如下:

1.1.1　按材料的性质分类

高分子化合物按材料的性质分类可以分为塑料、纤维和橡胶 3 类。

塑料又可分为热塑性塑料和热固性塑料。前者为线型(或支化)聚合物,如聚乙烯、聚氯乙烯等,受热时可以软化和流动,可以多次反复塑化成型;后者为体型聚合物,如酚醛树脂、脲醛树脂等,一经成型后便固化,不能再加热塑化反复成型。

1.1.2　按高分子主链的元素结构分类

高分子化合物按高分子主链的元素结构分类可分为碳链、杂链和元素高分子 3 类。

碳链高分子的主链全由碳原子构成,多属加聚物,如聚烯烃、聚氯乙烯等;杂链高分子的主链除碳原子外尚有氧、氮、硫等原子,多属缩聚物,如聚酯、聚酰胺等;元素高分子的主链不一定含有碳原子,而主要是由硅、氧、氮、铝、硼、磷、钛等元素所构成,也多属缩聚物,如有机硅树脂等。

1.1.3　按应用功能分类

高分子化合物按应用功能可分为通用高分子、特殊高分子、功能高分子、仿生高分子、医用高分子、高分子药物、高分子试剂、高分子催化剂以及生物高分子等。

通用高分子是量大面广的高分子,例如塑料中的"四烯"(聚乙烯、聚丙烯、聚氯乙烯和聚苯乙烯)、纤维中的"四纶"(涤纶、锦纶、腈纶和维纶)和橡胶中的"四胶"(丁苯橡胶、顺丁橡胶、异戊橡胶和乙丙橡胶)都是主要的通用高分子材料。

其他类型的高分子,如功能高分子等,后面再作介绍。

1.2 高分子化学的发展

1.2.1 天然高分子的利用和加工时期

天然高分子分布很广,例如丝、毛、角等蛋白质、淀粉、纤维素、橡胶、虫胶、针叶树埋于地下数万年形成的琥珀等。自古以来人类便利用了纤维、皮革、橡胶等材料。我国在商朝蚕丝业已极为发达,汉唐时代丝绸已行销国外;战国时代纺织工业已很发达;东汉以前已发明了造纸术,汉和帝(89—105)时蔡伦再加以改进,而西方国家用纸要比我国晚很多年。至于利用皮革、毛裘于衣着和利用淀粉于发酵工业方面也很早就开始了。其他各国在天然高分子的应用方面也有不少贡献。

1.2.2 天然高分子的改性时期

随着工业的发展,天然高分子远不能适应需要,19 世纪后期开始,人们就设法利用化学方法来改变天然高分子材料的性质,以便更适合于应用的需要。例如,1839—1851 年英国和美国先后建立了天然橡胶的硫化工厂,开始生产橡皮和硬橡胶。纤维素的化学改性中,1868 年开始建立了硝酸纤维素(赛璐珞、假象牙)工业,20 世纪初开始了醋酸纤维素的生产,20 世纪 30 年代人造纤维已大量用于衣着,这些都是高分子工业中影响较大的例子。

1.2.3 合成高分子工业生产时期

从 1907 年建立的第一个小型的酚醛树脂厂算起,人们便开始进入了合成高分子时期。1927 年左右开始了第一个热塑性高分子聚氯乙烯的商品化生产,但到 20 世纪 30 年代才真正成为发展时期。聚苯乙烯、聚乙酸乙烯脂、聚甲基丙烯酸甲酯等都是这一时期相继开始工业生产的。1931 年出现了氯丁橡胶;1932 年建立了第一个合成橡胶——丁钠橡胶工厂;1940—1942 年先后生产了丁基橡胶和丁苯橡胶。20 世纪 30 年代后期合成纤维也发展起来了,1938 年出现了尼龙 66 的生产,其后 1950 年聚丙烯腈纤维(合成羊毛)、1953 年涤纶纤维、1957 年聚丙烯纤维相继问世,数量增长一直很快。高分子复合材料、工程塑料和特殊高分子方面,是 20 世纪 40 年代开始的,而以 20 世纪 60 年代发展最快。1942 年出现了不饱和聚酯,1943 年出现了有机硅树脂,1947 年出现环氧树脂。直到聚碳酸酯(1957)、聚酰亚胺(1964)和聚砜(1965)的相继出现,标志着工程塑料工业的建立。

1.2.4 高分子科学的建立时期

高分子化学是在 20 世纪 30 年代随着合成高分子的发展而建立起来的一门新兴学科,只经过短短的 20 年,到 20 世纪 50 年代就建立起蓬勃发展的高分子工业,这是因为高分子化学不仅是一门应用科学,也是一门基础科学。高分子化学已与无机化学、有机化学、分析化学和物理化学相提并论成为第五门化学。高分子化学发展如此快,下述原因起了很大作用。

(1)与生产的发展和生活的需要相关。能为人们提供各种合成材料,如橡胶、纤维、塑料、黏结剂等，特别是现代高分子合成材料已与金属、陶瓷成为现代材料科学的 3 大门类。

（2）是其相应的综合技术水平的相互促进、相互制约的结果。例如，20 世纪 30 年代高分子工业的发展，促进了高分子物理化学的研究以及渗透压和超离心机等测定相对分子质量方法的研究，发展并应用新的实验手段，主要是紫外光谱、红外吸收光谱、X－射线衍射、电子衍射、核磁共振和电子显微镜等方法测定高分子的结构与性能的关系。化学反应动力学、化学热力学和结构化学的研究为高分子合成反应和方法建立了一定的理论基础。

因此，高分子化学自 20 世纪 30 年代开始就处于蓬勃发展之中，无论是高分子合成的理论或是方法都不断有新的进展，高分子化学的研究领域也不断扩大，以至于在 20 世纪五六十年代便达到了高峰时期，同时生物高分子方面的研究成了新的发展领域，如天然生物高分子的合成、模拟具有天然生物高分子功能的仿生高分子的合成等。

1.2.5　20 世纪 80 年代的高分子材料

20 世纪 70 年代中期石油危机与环境污染导致化学工业进入低潮时期，这也是高分子材料的低潮时期。由于工业总得寻求发展，时代总得进步，高分子材料不能长期处于低潮，总得在新形势下寻找出路，到 20 世纪 70 年代后期终于开始回升，从此高分子材料行业的发展速度一直在逐步上升。

20 世纪 80 年代的时代特征是能源、材料与环境污染 3 大问题。能源问题包括寻找新能源和节约能源两方面，而采用高分子材料可明显地节约能源，例如小轿车改用高分子材料能减轻质量，而质量每减轻 100 kg 则每 3.785 L 汽油可多行驶 1 km。目前，小轿车质量已从 1 800 kg 左右降至 1 200 kg 左右，这对节约燃料是十分可观的。从材料的角度看，20 世纪 80 年代的高分子新材料又在以下三方面得到了发展：

（1）工程塑料：坚硬、韧性、耐磨、耐热水及蒸汽、加工尺寸稳定性和化学稳定性好的新材料，所以也叫优质塑料。例如尼龙（聚酰胺）、聚碳酸酯（PC）、聚苯醚（PPO）、聚甲醛与饱和聚酯，主要用于代替金属或陶瓷的结构材料，如车辆、飞机、船只等的部件，以及电气与电子设备等。

（2）复合材料：主要包括增强塑料与共混高分子。前者如玻璃纤维增强尼龙树脂，刚性可提高 3～4 倍；后者也称为高分子合金，混合得好，可以彼此取长补短，如聚苯乙烯与聚苯醚以 1∶1 混合得到 Noryl 树脂，既有好的加工性，也有较好的耐热性，而且抗张强度也增大。

（3）精细高分子：它是一类产量小（为通用高分子的 1% 以下）、价格较高（通用高分子的百倍以上）的高分子化合物，也叫作特种高分子或专用高分子，表示有特定的性能与用途的材料，例如具有耐高温、高强度及特优绝缘性能的耐高温高分子（有时也叫空间高分子）。

此外，20 世纪 70 年代末至 80 年代还兴起了一种特殊的高分子——功能高分子，它除具有一般的机械性能外，还具有其他性能，如反应性能、催化性能、光敏性能、导电性能、生物医用性能等。

1.2.6　20 世纪 90 年代的高分子材料

20 世纪 90 年代的时代特征是 80 年代的延续，即仍为能源、材料与环境的时代，但内容不同。70 年代的石油危机是比较临时性的，而 90 年代则注意到石油资源枯竭问题，故而新能源的开发将是方向性的问题，包括太阳能与氢能。材料则着重考虑适应宇航事业的需要，把现在的高性能高分子材料再提高一个层次。例如用精细高分子制造飞机发动机等。关于环境，90 年代的口号是"创造一个干净与安全的世界"。这里包括人民健康、人口控制以及消除与控制各种环境污染等问题，例如重金属离子对环境的污染愈来愈严重，捕集重金属离子（如海水中的铀、金等）可以利用络合树脂；厂矿排出废液中的有机物的除去（如酚的除去可利用高分子金属络合物的络合和催化性能）；降解高分子的合成代替非降解高分子（如 PVC 膜）造成的污染。从石油工业的利润来说，已不是只来自通用高分子，而是要来自精细高分子。1 份石油原料制成通用高分子，如果可以卖 10 倍价钱的话，那么，同样 1 份石油原料若制成精细高分子则可以卖 100 倍以上的价钱。以 1980—1985 年为例，日本精细高分子产值占高分子总产值55% ~58%，美国占50%，西德占53%，据此推测，以后这方面所占比例还会升高[2]。

高分子材料的发展方向为[3]：

（1）新能源方面。

目前，石油仍是主要能源。可以预料，为了获得更多石油，所谓油田高分子将继续发展，包括出油剂、出水溶性聚丙烯酰胺体系与油溶性聚异丁烯体系为主的减阻剂，能在海面吸附石油的以聚丙烯泡沫为主的吸油剂等。关于新能源，首先是太阳能的利用。包括反射镜、光接收器、光电转换器等新型耐高温、气密性高分子材料与高透光度耐辐射、耐老化的高分子材料，均已获得新进展。此外，由水电解或其他方法而得到氢能源的装置所需的高分子材料，也得到了发展。

（2）交通运输方面。

20 世纪 90 年代运输方面发展较快的是宇航事业，需要高分子材料应用于机身、机翼以及发动机等，特别是需要质量轻、耐高温和高强度的材料。例如氟高分子可制成氟塑料、氟橡胶和氟纤维，是具有出色的耐热性和化学稳定性的材料。特种塑料中的聚酰亚胺、聚砜，特种纤维中的聚芳酰胺、吡龙，特殊橡胶中的硅橡胶、氟橡胶等都是耐高温的高分子材料。

超音速飞机所用的特种橡胶密封件的耐温指标为 – 55 ~ 320 ℃，使用时间为 10 000 h。一架大型超音速民用飞机所需氟橡胶就达 450 kg。飞机轮胎的帘子布采用聚芳酰胺纤维，可经受着陆时升温达 120 ~180 ℃ 的长久使用考验。洲际导弹以 7 000 m/s 穿过大气层，头锥部产生 5 000 ℃ 高温，只有特种的高温复合材料（酚醛碳纤维复合、聚酰亚胺硼纤维复合）制成的烧蚀材料制件才能满足要求。不少含硼、二茂铁基团的元素高分子复合纤维是耐高温材料。在汽车工业方面，福特公司计划每个车壳板和结构部件将有 50% ~70% 用高分子材料。大多数耐热高聚物为元素有机聚合物、芳杂环聚合物、梯形聚合物等（见表 1 – 1）。

表 1 – 1　一些耐热高聚物的耐热性能

聚合物名称	结构式	耐热性
聚四氟乙烯	$\left[\!\!\left[CF_2\!-\!CF_2\right]\!\!\right]_n$	可在 250 ℃ 下长期（数月）使用
聚卡十硼烷硅氧烷	$\left[\!\!\left[Si(CH_3)_2\!-\!C\underset{B_{10}H_{10}}{\bigcirc}C\!-\!\left(Si(CH_3)_2\!-\!O\right)_x\right]\!\!\right]_n$	在 300 ~ 500 ℃ 下稳定

聚合物名称	结构式	耐热性
聚苯		空气中耐 575 ℃ 高温，在 N₂ 中其热稳定性达 900 ℃
聚苯硫醚		空气或 N₂ 中 400 ~ 500 ℃ 是稳定的，在空气中 600 ~ 700 ℃ 才有明显质量损失
聚芳砜（聚芳砜醚）		可在 200 ~ 400 ℃ 长期使用，520 ~ 540 ℃ 有明显质量损失
聚对羟基苯甲酸酯		可在 310 ℃ 长期使用，在 371 ~ 427 ℃ 短期使用
聚对苯甲酰胺		300℃ 空气中长期稳定，400 ℃ 加热 6 h 质量损失少于 0.5%
聚间苯二甲酰间苯二胺（HT - 1 纤维）		可在 250 ℃ 下连续使用 1 000 h，285 ℃ 时强度为室温的 50%
聚芳酯 - 双偏苯三酰亚胺		薄膜于空气中 300 ℃ 下加热 100 h，质量损失为 3.42% ~ 15.8%
聚间苯甲酰胺 - 均苯四酰亚胺		在 380 ℃ 稳定

聚合物名称	结构式	耐热性
聚吡嗪四酰噻二唑亚胺（无氢聚酰亚胺）		400 ℃ 于空气中加热 25 h 基本没有变化。薄膜具有极好的抗高温氧化性能，在 592 ℃ 空气中仍稳定
聚硅氧烷 - 均苯四酰亚胺		300 ℃ 下稳定
聚 - 1，3，4 - 噻二唑		薄膜在空气中 300 ℃ 加热 144 h 仍保持强度 92%，400 ℃ 24 ~ 32 h，保持强度 60%
聚卡十硼烷苯并咪唑		N_2 中加热至 900 ℃ 失重 18%，空气中加热至 900 ℃ 失重 25%，其薄膜在 427 ℃ 下加热 10 h 无变化
聚硅氧烷苯梯		加热到 525 ℃ 无明显变化，长期使用温度为 300 ℃
聚双苯并咪唑菲绕啉（BBB - 纤维）		纤维短时间内可耐热到 1 200 ℃，360 ℃、30 h 强度保持 50%，650 ℃ 仍保持一定强度

（3）精细高分子方面。

精细高分子材料是 20 世纪 90 年代材料的一个特色，一方面包括属于结构材料的高性能高分子；另一方面就是属于非结构材料的高分子功能材料，或称为功能高分子，通常是指具有光电、磁等物理功能的高分子材料、感光性高分子和仿生高分子（如高分子催化剂、模拟酯)等,留在下章详细讨论。

1.2.7 21 世纪的高分子材料

功能高分子材料是 21 世纪高分子材料的重要发展方向,将重点发展隐身材料、先进复合材料、生态可降解高分子材料、智能高分子材料等[4]。随着纳米技术研究的深入,在分子、甚至原子水平上实现材料的功能结材设计、复合与加工生产已成为可能,材料的功能将会进一步得到扩展。

参考文献

[1]林尚安,陆耘,梁兆熙. 高分子化学[M]. 北京:科学出版社,1982:8－15,825－829.

[2]冯新德. 九十年代的高分子[J]. 广州化工,1991(3):7－9.

[3]土田英俊. 高分子科学[M]. 徐伯鋆,万国祥,译. 北京:人民教育出版社,1983:301－307.

[4]徐喜明,王冀敏. 21 世纪的功能高分子材料[J]. 内蒙古石油化工,2004,30(4):25－27.

第2章

功能高分子

2.1　概述

自从 20 世纪 30 年代高分子科学建立以来，通用高分子作为结构材料、纤维、橡胶，主要是利用它们的机械与加工性能、化学稳定性，在代替天然材料和金属材料方面起了很大作用，取得了迅猛发展。自 20 世纪 70 年代以来，除了继续发展 3 大合成材料外，非常重视对特殊功能的高分子化合物的研究。所谓功能高分子就是通过聚合物的化学反应，将适当的官能团引入聚合物中生成具有某些"功能"的新聚合物。功能高分子的范围很广，主要包括以下几个方面[1]：

（1）具有物理光、电性能的功能高分子，如感光性高分子、高分子半导体、光致导电高分子、高分子的驻电体和压电体、高分子电解质和导电高分子等。

（2）高分子试剂及催化剂。

（3）反应性低聚物。

（4）高分子药物。

（5）仿生高分子。

功能高分子是一门新兴的学科，近年来国内外均已高度重视，我国也已出版一些专著，"国际精细化学与功能高分子会议"已先后在我国西安、兰州、杭州等城市召开。1988 年我国创办了《功能高分子》学术刊物；1989 年 6 月在南朝鲜汉城（现韩国首尔）召开了 IUPAC 国际功能高分子设计讨论会，有 29 个国家或地区的 800 多名代表参加（中国有 5 名）；1990 年 10 月在西安召开了中国化学会第六届反应性高分子学术讨论会；1991 年 10 月在桂林召开了国际生物材料和精细高分子学术讨论会；1992 年 5 月在杭州召开了中国化学会第七届反应性高分子学术讨论会；1993 年 11 月在广州召开了中国化学会第八届反应性高分子学术讨论会；1994 年 10 月在武汉召开了国际生物材料与精细高分子讨论会。这样的国内国际学术讨论会几乎每年都会召开，为交流和促进功能高分子化学发展起了很大的促进作用。

下面选择几种代表性的功能高分子进行介绍。

2.2　感光性高分子

某些高聚物在光的作用下，由于能迅速发生光化学反应，引起物理或化学性质的变化，这类高聚物统称为感光性高分子。感光性高分子材料已广泛应用于印刷、电子、涂料等工业，并使之在技术方面产生重大的革新。例如在印刷工业，感光树脂印刷版可代替铝版排字，实现全自动化操作；应用于大规模集成电路的各种光刻胶、电子束胶，在电子计算机上用作记忆因子、开关信号的记录材料等。

通常所发生的光化学反应主要有光交联、光分解、光致变色、光收缩、光裂构等。下面简要介绍各种类型的感光性高分子。

2.2.1　光交联型

由聚乙烯醇与肉桂酰氯反应，可得到聚乙烯醇肉桂酸酯，它是典型的交联型感光树脂，在紫外光的作用下发生二聚反应，生成不溶性的交联产物：

$$\begin{array}{l}\left.\begin{array}{l}\text{CH}_2\text{—CH}\end{array}\right]_m + \left.\begin{array}{l}\text{CH}_2\text{—CH}\end{array}\right]_n \xrightarrow{h\nu} \left.\begin{array}{l}\text{CH}_2\text{—CH}\end{array}\right]_m \\ \quad\quad | \quad\quad\quad\quad | \\ \quad\quad O \quad\quad\quad\quad O \\ \quad\quad | \quad\quad\quad\quad | \\ \quad\quad C{=}O \quad\quad\quad C{=}O \quad\quad\quad O{=}C\quad C_6H_5 \\ \quad\quad | \quad\quad\quad\quad | \quad\quad\quad\quad\quad | \quad | \\ \quad\quad CH \quad\quad\quad\quad CH \quad\quad\quad HC{-}CH \\ \quad\quad \| \quad\quad\quad\quad \| \quad\quad\quad\quad\quad | \quad | \\ \quad\quad CH \quad\quad\quad\quad CH \quad\quad\quad HC{-}CH \\ \quad\quad | \quad\quad\quad\quad | \quad\quad\quad\quad H_5C_6\quad C{=}O \\ \quad\quad C_6H_5 \quad\quad\quad C_6H_5 \quad\quad\quad\quad\quad\quad | \\ \quad\quad\quad\quad\quad\quad\quad\quad\quad\quad\quad\quad\quad\quad\quad O \\ \quad\quad\quad\quad\quad\quad\quad\quad\quad\quad\quad\quad CH{-}CH_2 \end{array}$$

光照射后用溶剂处理，未照到光的部分，在溶剂中是可溶的，只有不溶部分留下而形成与底片对应的凹凸面。又如在金属板上涂上聚合物，经光照射和溶剂处理后，将金属面用腐蚀液处理，则在金属板上形成凹凸面。这种感光性高分子在国内外已广泛应用为光致抗蚀剂（光刻胶）。目前最好的光刻胶之 KPR、TPR 均属于此类，已大量应用于半导体集成电路的研制。

通常为适用于可见光源，使聚乙烯醇肉桂酸酯的特征吸收由 230～240 nm 移到 450 nm左右，就必须添加适当增感剂（也叫光敏化剂），常用的增感剂有蒽醌、硝基苊、硝基芴等。

感光树脂的感光度［即将一定浓度的化合物在纸上涂成药膜在一定紫外光下照射发生变化所需的时间（s）。所用时间越短，感光度越高。］与树脂的结构有关，特别与感光性官能团的种类有关，如聚乙烯醇肉桂酸酯的苯环上引入不同取代基，对感光度有明显影响（见表 2-1）。此外，感光性高分子的感光度还与高分子的相对分子质量及相对分子质量分布有关。

表 2-1　感光性官能团对感光度的影响

感光树脂	感光性官能团	感光度/s
聚乙烯醇肉桂酸酯	$-O-C-CH=CH-\text{（苯基）}$（C 下为 O）	2.2
聚乙烯醇-氯代肉桂酸酯	$-O-C-CH=CH-\text{（邻氯苯基）}$（C 下为 O，Cl）	2.2
聚乙烯醇-硝基肉桂酸酯	$-O-C-CH=CH-\text{（间硝基苯基）}$（C 下为 O，$NO_2$）	350
聚乙烯醇-叠氮苯甲酸酯	$-O-C-\text{（对叠氮苯基）}$（C 下为 O，N_3）	4400

光交联型感光性高分子除了上述直接二聚光交联者外，还有在高聚物系统中加入交联剂进行光敏交联的，例如国内外广泛应用于印刷工业的液体版感光树脂就是不饱和聚酯中加入交联剂及少量增感剂等配制而成的。

近年来为改进操作条件，有采用水溶性感光树脂的倾向，也就是曝光后不用有机溶剂而用水或稀酸、稀碱水溶液进行显影，为此而利用水溶性高聚物作为感光性树脂的骨架，如聚乙烯醇、水溶性尼龙、纤维素的衍生物等。

2.2.2　光分解型

邻重氮醌化合物吸收光能引起光化学分解反应，经研究认为重氮醌化合物光照后分解放出氮气，同时经过分子重排，形成相应的五元环烯酮化合物，再水解生成可溶于弱碱液的茚基羧酸衍生物，其光化学反应如下：

$$R-\text{（萘醌重氮结构）} \xrightarrow{h\nu} \left[R-\text{（五元环）} \right]_n + N_2 \longrightarrow R-\text{（茚基）}=C=O \xrightarrow{H_2O} R-\text{（茚基）}-COOH$$

将高分子化合物与邻重氮醌化合物相混，或在高分子链上通过化学键相接邻重氮醌基团就得到感光性树脂，由于它在光化学反应后生成可溶于碱液的酸衍生物，因此与上述光交联型感光树脂相反，属于正性感光树脂，通常研究的正性光刻胶多属此类。邻重氮醌类化合物很多，例如：

$$\text{（萘醌重氮-磺酰基结构，}SO_2X\text{）}\quad (X = Cl, F, RO, ArO, NH_2 \text{等})$$

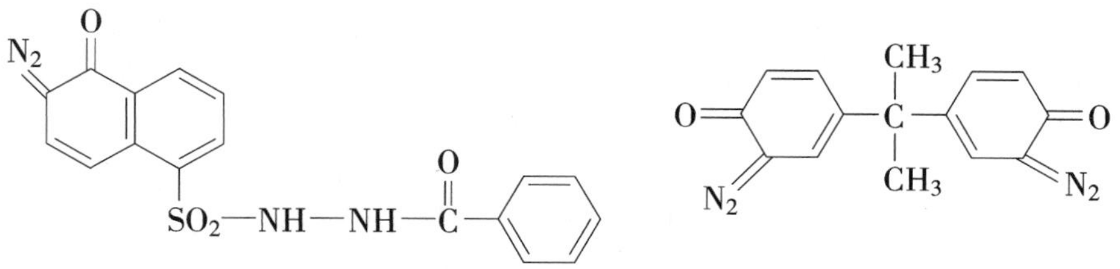

这些邻重氮醌化合物可以掺入线型酚醛树脂、聚碳酸酯中，或将邻重氮醌与磺酰氯和带有羟基的树脂进行缩合，在高分子链上引入感光性基因，以线型酚醛树脂为例：

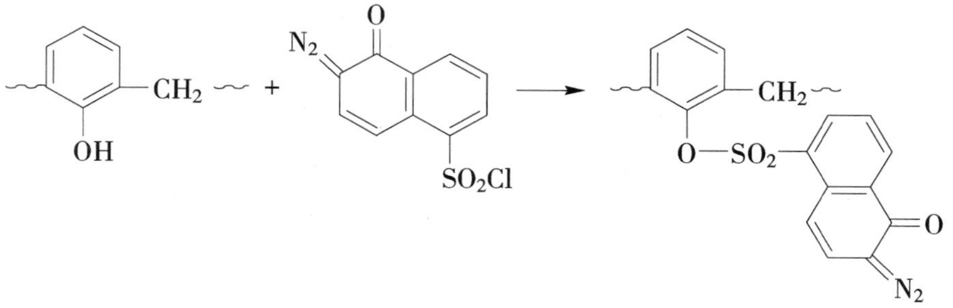

国内生产的 701 正性光刻胶就是这种类型，它可用电子束曝光，使分辨率大为提高（达 $0.01 \sim 0.05 \ \mu m$）。

除重氮醌类化合物外，重氮盐类遇光能分解，如将水溶性的重氮盐在水中进行光解反应，能生成非水溶性的酚类化合物：

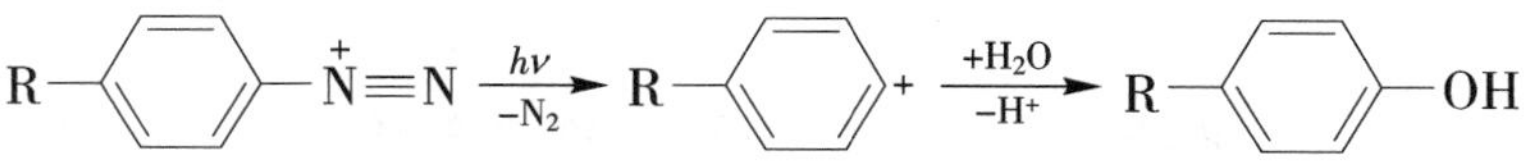

$$R \longrightarrow \overset{+}{N} \equiv N \xrightarrow[-N_2]{h\nu} R \longrightarrow + \xrightarrow[-H^+]{+H_2O} R \longrightarrow OH$$

用对重氮二苯胺氯化物的 $ZnCl_2$ 复盐与甲醛缩合，可制得对重氮二苯胺的多聚甲醛缩合物：

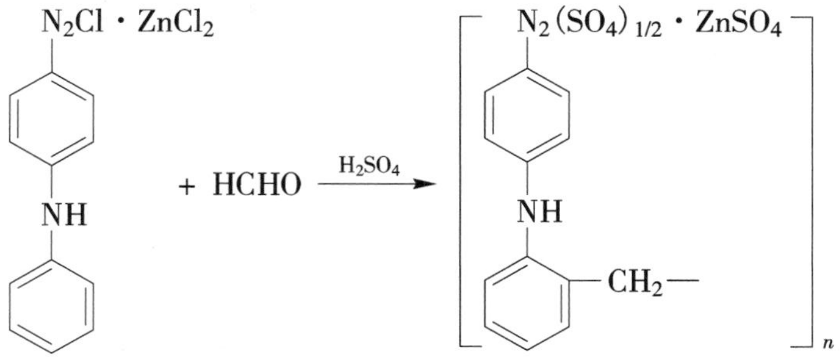

$n=2, 3$

这种感光树脂可作为平版感光层，受光照射后，重氮盐便光解而失去水溶性，如用水显影则可将图像留下来，目前这种感光树脂作为预涂感光版（即 PS 版）使用。

2.2.3 光致变色高分子

近年来在高分子侧链上引入可逆变色基团很受重视，这种光致变色材料由于光照时化学结构发生变化，使其对可见光吸收波长不同，因而产生颜色变化，在停止光照后又能恢复原来颜色，或者用不同波长的光照射能呈现不同颜色等。光致变色材料用途极广，可制成各种光色护目镜以防止阳光、电焊闪光、激光等对眼睛的损害，作为窗玻璃或窗帘的涂层，可以调节室内光线，在军事上可作为伪装隐藏色、密写信材料，以及在国防动态图形显示新技术中作为贮存信息的材料。目前国内外都正大力研制这种信息记录材料。

例如硫代缩氨基脲（—N＝N—CS—NH—NH—）衍生物与 Hg^{2+} 能生成有色络合物，是化学分析上应用的灵敏显色剂，在聚丙烯酸类高分子侧链上引入这种硫代缩氨基脲汞的基团，则在光照时由于发生了氢原子转移的互变异构变化，使颜色由黄红色变为蓝色，因而呈现光致变色现象。

表2-2列出这类高聚物的光致变色行为。

表2-2 硫代缩氨基脲汞聚合物的光致变色性

聚合物 —R	吸收峰/nm	
	照射前	光照后
C_6H_5—	475	585
$p-Br-C_6H_4$—	480	610
$p-Cl-C_6H_4$—	480	620
$p-CH_3-C_6H_4$—	480	610
$o-CF_3-C_6H_4$—	430	560
$p-CH_3O-C_6H_4$—	500	630

偶氮苯类高聚物由于在光照下有顺反互变异构的转化，因而呈现不同的颜色：

反式　　　　　　　　　　　　　顺式

R, R' = —NH_2, —$N(CH_3)_2$

具体高聚物可由

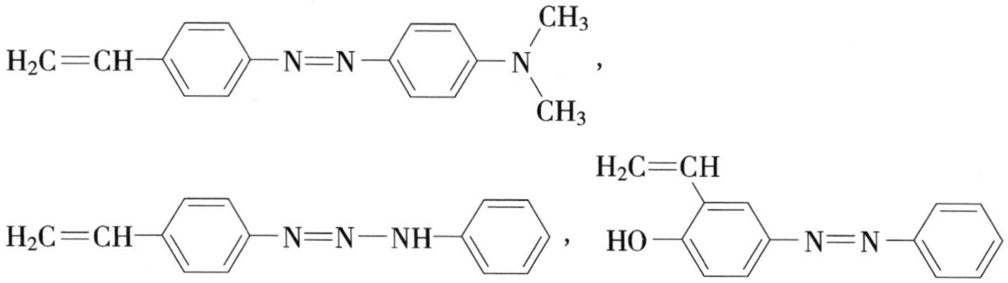

等单体聚合而得。

水杨醛缩苯胺类光致变色材料由于在光照下发生质子转移互变异构化,而由淡黄色变为红色:

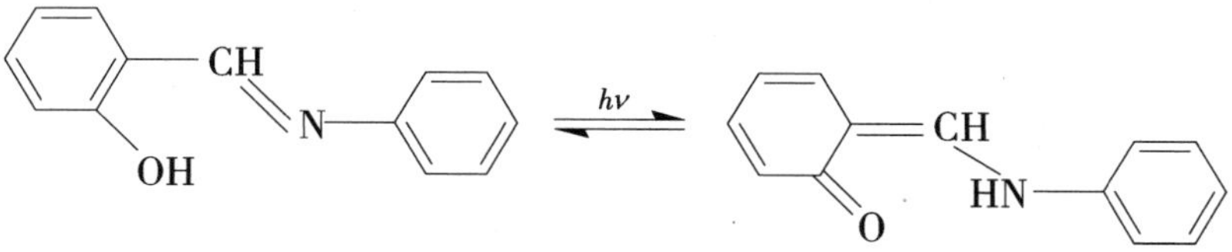

淡黄色(烯醇式)   红色(酮式)

近年来研究者对人的视网膜的视色素受光照射时所发生的光化学过程进行了研究,他们认为在小于 6×10^{-12} s 内发生了质子转移互变异构,从深红色的视紫红质转变为黄绿色的视黄绿质,对此光化学过程的了解,有助于人们仿制类似或超过视色素的光致变色材料。

2.2.4 光收缩型高分子

螺苯并吡喃类衍生物是一种光致变色材料,它在紫外光照射下,由于 C—O 键断裂,生成开环的部花青化合物,后者因有顺反异构而呈现紫色,加热时,深色的部花青化合物又会可逆地变回原来螺环结构,以 N(苯甲基)6 - 硝基 DIPS[指 3,3′ - 二甲基螺 - (2H - 1 - 苯并吡喃 - 2,2′ - 吲哚)]为例,过程如下:

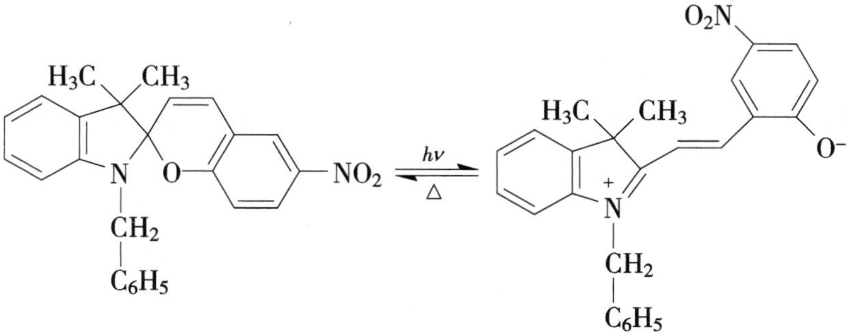

(无色)   (紫色)

将此类化合物与高聚物掺和,发现高聚物模板的种类、聚态结构(玻璃态或橡胶态)、结晶度等对光致变色速率有很大影响。

若将此螺环基团引入高分子链中,除了上述光致变色现象外,还可以观察到有趣的光力学现象,例如将丙烯酸乙酯与双(甲基丙烯)DIPS 酯在苯溶液中以过氧化二碳酸二异丙酯引发聚合,所得聚合物在恒定压力与温度下,光照时样品长度有部分收缩(2% ~5%),停止光照则长度恢复，经过数次光与暗的循环，长度的收缩与伸长是完全可逆的。

双(甲基丙烯)DIPS酯

这种光收缩现象被认为是由于僵硬性链的闭环母体在光照下变为具有较高柔顺性链的部花青化合物，因而使聚合物链的熵值增加所致，此时光能可转变为机械能。

2.2.5 光裂构高分子

由于世界上高分子材料产量的激增，为了解决高分子垃圾的销毁问题，研究那些公害少、废物能用阳光裂构处理的高聚物已受到重视。

光裂构高分子多属于光氧化分解型高分子，在阳光照射下，它能迅速氧化裂解，如乙烯与一氧化碳的共聚物，苯乙烯与丙烯醛的共聚物等。又如含少量烷基乙烯酮的甲基丙烯酸甲酯或丙烯酸甲酯共聚物，经紫外线照射一定时间便能裂构成粉，其光裂构机理为：

但是要有实用价值必须使其裂构速度可以人为地控制，也就是使用时要稳定而废弃时能迅速分解。为此可将某些抗氧化剂加入其主链中，由于能形成稳定的自由基而抑制氧化反应，例如可合成下面含有位阻酚链节的三元共聚物：

$$\left[\begin{matrix} CH_3 \\ \sim CH_2-C- \\ COOCH_3 \end{matrix}\right]_{95-x} \left[\begin{matrix} -CH_2-CH- \\ COCH_3 \end{matrix}\right]_y \left[\begin{matrix} -CH_2-CH- \\ C=O \\ NH \\ H_2C \end{matrix}\right]_n$$

这类共聚物由于所含位阻酚的量不同，对光分解反应的速度也不同。

主链含有 N—O 键的高分子，由于 N—O 键能很小(约 221.75 kJ/mol)，也可作为光裂构高分子，例如由二肟及二异氰酸酯可合成聚氨基甲酸肟：

$$HO-N=R=N-OH + OCN-R'-NCO \longrightarrow \left[O-N=R=N-O-CONH-R'-NHCO\right]_n$$

其中 R 为 $=C-C=$ ， $=\bigcirc=$ ， $=\bigcirc=$ 等，R′ 为 $-(CH_2)_6-$ ， $-\bigcirc-O-\bigcirc-$ 等。
（其中 R 下方为 CH₃ CH₃）

由不同的二肟与二异氰酸酯可以得不同的高聚物，它们无论是溶液还是薄膜，在紫外光线照射下可很快地裂解，黏度迅速下降，这是由于 N—O 键的裂解：

$$\left[O-N=R=N-O-CONH-R'-NHCO\right]_n$$
$$\downarrow h\nu$$
$$-O-N=R=N\cdot + \cdot O-CONH-R'-NHCO-$$
$$\downarrow$$
$$继续裂解$$

总之作为光裂构高分子，其链节结构中一般含有 π 电子或未共用电子对等易于被光激发的电子，即带有 —N=N—，—CH=N—，—CH=CH—，—C≡C—，—NH—NH—，$\overset{|}{C}=S$，$\overset{|}{C}=NH$，$\overset{|}{C}=O$，—S—，—NH—，—O— 等基团。

2.3 高分子半导体与光致导电高分子

2.3.1 高分子半导体

高分子半导体的研究从 20 世纪 60 年代起就很受重视，作为半导体材料，要求电阻率(室温)

在 $10^0 \sim 10^8$ $\Omega \cdot cm$ 的范围内，而一般高聚物作为绝缘体使用，其电阻率为 $10^{10} \sim 10^{20}$ $\Omega \cdot cm$。

表 2 − 3　各种材料的电阻率（300 K）

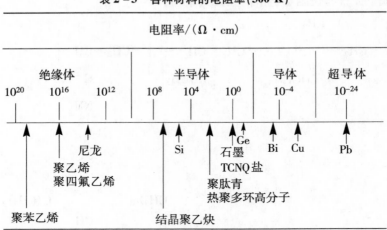

研究得最广泛的高分子半导体是共轭高分子和聚合物络合物。下面进行简单介绍。

（1）共轭高分子：指高分子链中具有公有化的 π 电子的大共轭体系结构的化合物。例如：

a. 聚苯乙炔：苯乙炔在 150 ℃、氩气下不用引发剂进行热聚合，得到黑色可溶性 $\begin{smallmatrix}\vdash CH = C \dashv_n \\ \quad\ C_6H_5\end{smallmatrix}$ 是非活性的，若将其在不同温度下热处理 6 h（在 5.332 88 ~ 6.666 1 Pa 下进行），则发现温度愈高，电阻愈低，在 700 ℃热处理后，电阻率降至 1.8×10 $\Omega \cdot cm$，产物经红外光谱分析和元素分析，证明发生了裂解与交联反应，产生了多取代芳香环，并有低分子碳氢化合物析出。从而推测在高温热处理时发生如下反应：

b. 热缩多环高聚物：聚丙烯腈在400 ~ 600 ℃热处理时发生下列反应，形成高分子多环共轭体系，并具有半导体性质：

（反应式图）

c. 聚肽青化合物：由均苯四腈与 $CuCl_2$ 反应可得聚肽青化合物，这是一种螯合型共轭高分子：

（反应式图：均苯四腈 + $CuCl_2$ $\xrightarrow[300\sim358\ ℃]{尿素}$ 铜酞菁结构）

其他金属 Be、Mg 也可与之螯合。

以上共轭高分子的电性质列于表 2 - 4 中。

表 2 - 4　共轭高分子的电性质（室温）

共轭高分子	E/eV	$\rho/(\Omega \cdot cm)$
聚乙炔结晶	$0.45 \sim 0.67$	$10^5 \sim 10^8$
聚乙炔无定形	—	$10^9 \sim 10^{12}$
聚苯乙炔	$1.4 \sim 2.2$	$10^{15} \sim 10^{16}$
热缩多环高聚物（热处理聚丙烯腈）	$0.01 \sim 0.3$	$1.05 \sim 10^8$
聚肽青	0.36	$40 \sim 10^8$

（2）聚合物络合物：这些络合物多是形成电子供受络合物（donor - acceptor complexes），低分子物有芘与四腈基乙烯（TCNE）或四腈基醌二甲烷（TCNQ），它们的电阻率为 $10^{12}\ \Omega \cdot cm$：

芘(供体)　　TCNE(受体)　　　　芘(供体)　　TCNQ(受体)

由 LiI 与 TCNQ 作用,会使 TCNQ 具有一未成对电子而带负电:

$$LiI + \longrightarrow Li^+ [\quad]^-$$

TCNQ⁻

　　而低分子的季铵盐或主链带季铵正离子的电解质,可与 TCNQ⁻ 形成层状分子络合物,具有半导体特性,如表 2-5 所示,说明有过量 TCNQ 中性分子或称 CQ 时,可使电阻大为下降。一般地说,当不存在 TCNQ 中性分子时,形成的是简单的类盐络合物,而存在 TCNQ 中性分子时,形成复合类盐络合物,后者电阻大为下降,这是由于复合物 TCNQ 分子距离缩短,使导电活化能下降。

表 2-5　某些聚合物络合物的电性质(室温)

聚电解质链节	n_{TCNQ}/mol	$\rho/(\Omega \cdot cm)$
$\left[Br^{\ominus} \overset{CH_3}{\underset{CH_3}{N^{\oplus}}} - (CH_2)_6 \, Br^{\ominus} \overset{CH_3}{\underset{CH_3}{N^{\oplus}}} - (CH_2)_3 \right]_n$	$2n$	2.1×16^6
	$3n$	1.2×10^2
$\left[Br^{\ominus} \overset{CH_3}{\underset{CH_3}{N^{\oplus}}} - (CH_2)_6 \, Br^{\ominus} \overset{CH_3}{\underset{CH_3}{N^{\oplus}}} - (CH_2)_8 \right]_n$	$2n$	2.9×16^6
	$3n$	2.0×10^2

简单盐($M^{n+} CQ_n^-$)　　　　电阻率 $10^4 \sim 10^{12} \, \Omega \cdot cm$

复合盐($M^{n+} CQ_n^- \, CQ_m^0$)　　电阻率 $10^{-2} \sim 10^3 \, \Omega \cdot cm$

　　这类络合物是目前所知电阻最低的高分子半导体。

　　高分子半导体的电阻、电阻率受温度和压力的影响,且同一种高聚物也因合成方法及后处理方法的不同,聚合度的差异,结晶性的不同,混入不规范结构或掺杂了单体、催化剂、空气、水等杂质而敏感地影响其导电性,这就使其实际应用受到一定的限制。当性能稳定性得到解决时，高分子半导体将有宽广的发展前景。

2.3.2　光致导电高分子

某些高聚物在黑暗时是绝缘体，而在紫外光照射下导电性增加，典型聚合物如聚乙烯咔唑（PVCA）：

$$\text{—}[CH_2\text{—}CH]_n\text{—}$$

电导率 $\begin{cases}黑暗：5\times10^{-12}\ S/m\\紫外光（360\ nm）：5\times10^{-9}\ S/m\\可见光（550\ nm）：10^{-12}\ S/m\end{cases}$

这一高聚物已应用于电子照相或静电复制。其原理就是将光导性高聚物涂覆于金属导电支持层上，由电晕在暗处放电使带负电，然后将要复印或要成像的物体放在光导电聚合物层的上面，经过曝光，使光照部分放电而得到静电潜像，然后喷洒带正电荷的炭粉，最后转移到负电荷的纸上，光通过部分电阻下降而没有炭粉吸附，因而得以成像或复制。

通常为了使之具有可见光的光域感光度，可添加光学增感剂，如 2，4，7 - 三硝基芴酮。

关于聚乙烯咔唑的光致导电机理可表示如下：

$$PVCA \xrightarrow{h\nu} PVCA^+ + e^-$$

PVCA 吸收紫外光后处于激发态，在电场中离子化，产生自由基——正离子 PVCA·$^+$ 和电子 e^-，PVCA·$^+$ 的作用如同电荷载流子，而电子则跳到空穴中：

$$[PVCA·^+ + e^-] + 空穴 \longrightarrow PVCA·^+ + 空穴^-$$

聚乙烯咔唑不但大量应用于光导静电复制，若将它与热塑性薄膜复合，还可制得光导热塑全息记录材料，即在充电曝光后再经一次充电，然后加热显影，由于热塑性树脂加热时软化，受带电区放电的压力，产生凹陷而成型，如用激光曝光则制得光导热塑全息记录材料。

2.4　高分子试剂及催化剂

2.4.1　高分子试剂

高分子试剂是带有反应官能团的高分子，近 10 年来发展很快，在有机化学的合成反应中，如氧化、氢化、还原、卤化、酰化、缩合等反应中已广泛应用。表 2 - 6 列出一些高分子试剂及其在有机及高分子合成中的应用[2-5]。

表 2-6　高分子试剂

高分子	试剂的应用
(1)高分子膦试剂	
(PS)—P(Ph)$_2$	Wittig 反应
(PS)—(CH$_2$)$_n$P(Ph)$_2$X$_2$	制备卤化物、酰胺、腈
(2)高分子锍盐	
PS—(CH$_2$)$_n\overset{+}{S}$MeRX$^-$	醛的环氧化
(3)高分子卤化剂	
$\underset{CH-CO}{\overset{CH-CO}{P\diagup \diagdown}}$NBr	烯丙基和芳基的溴代
(PS)—ICl$_2$	对烯烃的加成
(P)—⬡—NBr$_2$	对烯烃的加成
(4)高分子缩合剂	
—[(CH$_2$)$_6$N=C=N]$_n$—	肽的合成
(P)—（萘环）—OEt / COOEt	肽的合成
(P)—（Et/Et 苯环）—SO$_2$Cl	低核苷酸的合成
(5)高分子氧化还原试剂	
(PS)—CH$_2\overset{+}{N}$Me$_3$BH$_4^-$	羰基化合物还原成醇
(P)—⬡—N→BH$_3$	羰基化合物还原成醇
(PS)—Sn(n-Bu)H$_2$	羰基化合物的还原，二醛的选择性还原，卤代烷还原成烷
(PS)—CH$_2$—$\overset{+}{N}$（吡啶环）Cl$^-$ / CONH$_2$	劳氏紫亚甲基蓝和苯醌的还原

续表 2－6

高分子	试剂的应用
ⓅN⁺(Me)吡啶 Br⁻	氧化还原试剂
Ⓟ—COOOH	环氧化
Ⓟ—吡啶N⁺—HClCrO₃⁻	醇氧化成羰基化合物
ⓅS—CH₂N⁺Me₃HCrO₃⁻	醇和卤代烷氧化成羰基化合物
ⓅS—CH₂N⁺Me₃IO₄⁻	酚和硫化物的氧化
ⓅS—CH₂—N(Cl)—C(O)—Me	醇的氧化
ⓅS—I(OAc)₂	胺的氧化
Ⓟ—醌 CMe₃	胺氧化成酮
Ⓟ—OCO-吡啶N	氧化还原试剂

（6）高分子保护基

ⓅS—C(Ph)(Ph)—Cl	低核苷酸的合成,苷的合成,对称二醇、三醇和四醇的单保护
ⓅS—COCl	二酚和二醇的单保护,肽的合成
ⓅS—(CH₂)ₙOH　n=1,2	二酰氯的单保护,酚的烷基化
Ⓟ—苯环(NO₂)—CH₂OH	肽的合成
ⓅS—CH₂—N(Me)—CONH—NH₂	低核苷酸的合成

（7）高分子酰基化和烷基化试剂

ⓅS—COOCOR	胺变成酰胺、醇变成酯

续表 2－6

高分子	试剂的应用
Ⓟ—吡啶鎓(N⁺–Me) Br⁻	氧化还原试剂
Ⓟ—COOOH	环氧化
Ⓟ—吡啶–N⁺—HClCrO₃⁻	醇氧化成羰基化合物
ⓅS—CH₂N⁺Me₃HCrO₃⁻	醇和卤代烷氧化成羰基化合物
ⓅS—CH₂N⁺Me₃IO₄⁻	酚和硫化物的氧化
ⓅS—CH₂—N(Cl)—C(=O)—Me	醇的氧化
ⓅS—I(OAc)₂	胺的氧化
Ⓟ—醌(CMe₃)	胺氧化成酮
Ⓟ—OCO-吡啶	氧化还原试剂

（6）高分子保护基

ⓅS—C(Ph)(Ph)—Cl	低核苷酸的合成,苷的合成,对称二醇、三醇和四醇的单保护
ⓅS—COCl	二酚和二醇的单保护,肽的合成
ⓅS—(CH₂)ₙOH　n=1, 2	二酰氯的单保护,酚的烷基化
Ⓟ—C₆H₃(NO₂)—CH₂OH	肽的合成
ⓅS—CH₂—N(Me)—CONH—NH₂	低核苷酸的合成

（7）高分子酰基化和烷基化试剂

ⓅS—COOCOR	胺变成酰胺、醇变成酯

高分子	试剂的应用
	肽的合成
	肽的合成
$\fbox{CO(CH_2)_4CON(CH_2)_6N}_n$ 　　　　COR　　COR	肽的合成
PS—CONHOH	肽的合成
PS—SO_2OCOCH_3	醇和酚的酰基化

（8）高分子键合的亲核试剂

PS—CH_2$\overset{+}{N}$Me_3X$^-$

X = F$^-$	酰氯、酰溴转变成酰氟
X = Cl$^-$，Br$^-$，I$^-$	与卤代烷发生卤素交换反应
X = CN$^-$	卤代烷转化成腈
X = SCN$^-$	卤代烷转变成硫氰酸酯或异硫氰酸酯
X = NO_2$^-$	卤代烷转变成硝基烷或亚硝酸酯
X = RCOO$^-$	卤代烷转变成酯
X = ArO$^-$	卤代烷转变成醚、苷的合成
X = PhSO_2$^-$	烷基砜的合成
X = H_3PO_2$^-$，S_2O_3$^-$，SO_3$^-$，S_2O_4$^-$	醇氧化成羰基化合物
X = HCrO_3$^-$	醇和卤代烷氧化成羰基化合物
X = IO_4$^-$	酚和硫醚的氧化

注：Ⓟ = polymer（高聚物）；PS = polystyrene（聚苯乙烯）

（1）高分子试剂的优点。

a. 反应物分离提纯容易，故实际产率高。

b. 高分子试剂有较好的稳定性。

c. 高分子试剂使反应有更高的选择性。

d. 高分子试剂经再生，可在反应中循环使用。例如高分子酰化转移剂是合成多肽的有效试剂，按下式反应得到定序的多肽：

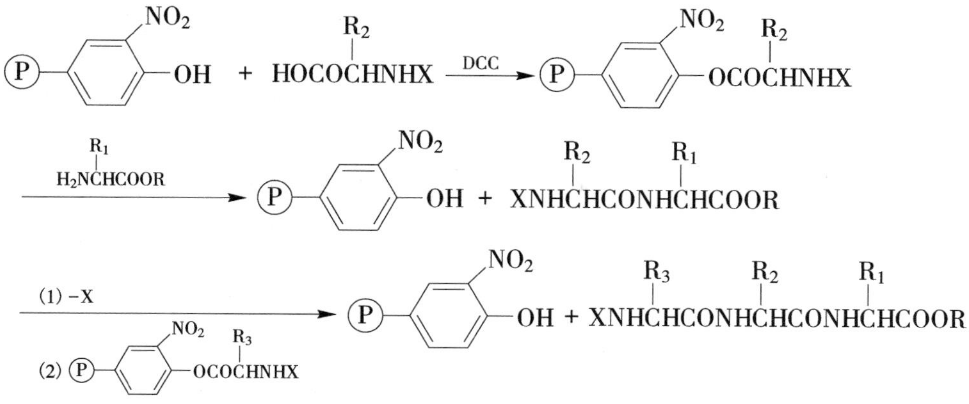

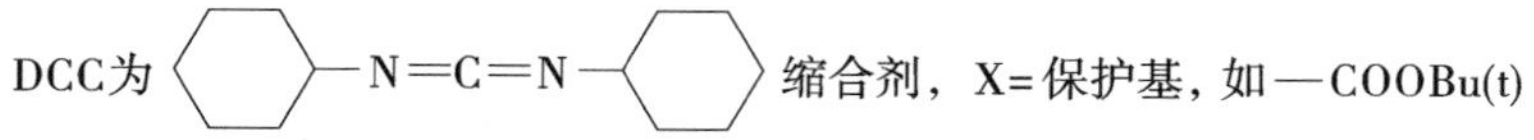

DCC 为 缩合剂，X = 保护基，如 —COOBu(t)

在上述步骤中，产物分离步骤简单，而且高分子试剂可重复循环使用，用此法可合成长链多肽运动徐缓素，如缓激肽（bradykinin）。高分子试剂为具有良好机械形状和溶剂中的良好反应活性，常用珠状大孔型聚苯乙烯树脂来加以改进。

（2）高分子试剂的分类

高分子试剂主要是下面两大类型。

①反应性高分子试剂。

这类高分子试剂的使用过程如下：

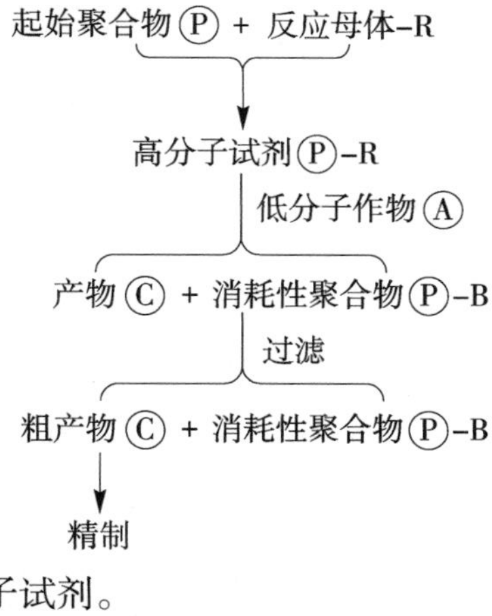

②能吸附金属离子的高分子试剂。

有些高分子化合物能与金属形成螯合物，因此有吸附金属离子的能力，可用来回收贵金属或选择性吸附某些离子而达到分离混合物的目的。例如：

a. EDTA 型高分子：

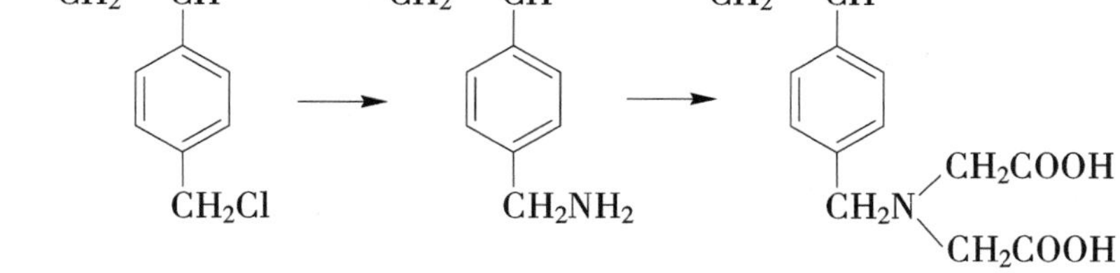

它对 Cu^{2+}、Hg^{2+}、Fe^{3+} 有很强的吸附力。目前已用来涂在铁板上,它能与之牢牢结合而防止铁板生锈。

b. 冠醚高分子:将冠醚化合物接在高分子链上,可保留冠醚吸附某些金属的特性,而且高分子化后由有毒变为无毒。图 2-1 所示为不同孔径的冠醚高分子,表 2-7 列出其高分子化前后对碱金属的不同吸附能力。这类化合物还能拆分氨基酸的外消旋混合物。

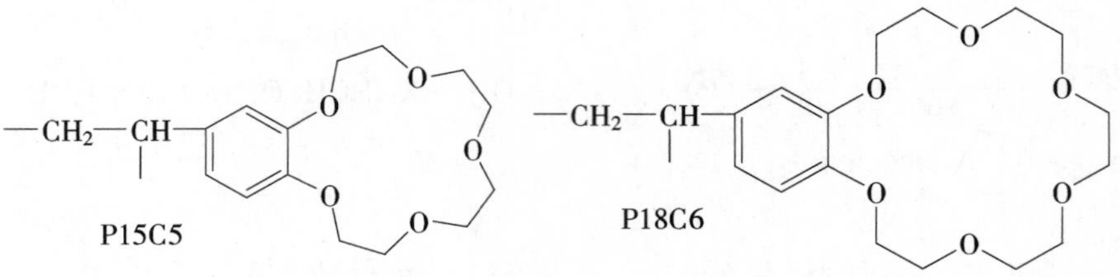

P15C5　　　　　　　　　　　P18C6

孔径0.172 2 nm　　　　　　　孔径0.26~0.32 nm

图 2-1　冠醚高分子

表 2-7　冠醚(15C5,18C6)及冠醚高分子(P15C5,P18C6)在 $H_2O-CH_2Cl_2$ 中抽取金属离子的平衡常数 K_e

冠醚化合物	$K_e \times 10^{-3}$					
	Li^+	Na^+	K^+	Rb^+	Cs^+	NH_4^+
15C5		8.6	35	16	7.6	
P15C5	19	59	1 730	1 630	260	73
18C6		15	530	170	97	7.2
P18C6	12	50	1 160	1 000	2 150	87

c. 羟胺高聚物:

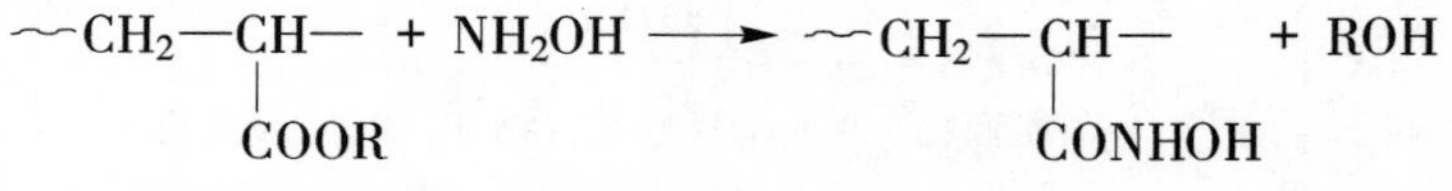

与 Fe^{3+} 按 1:3 比例生成络合物,结构如下:

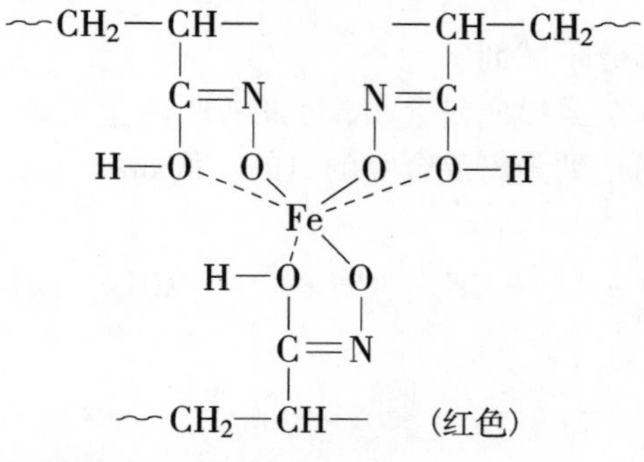

不同金属可与之形成不同颜色的络合物,如

$$Cu^{2+} \quad Ag^+ \quad Zn^{2+} \quad Hg^+ \quad Al^{3+} \quad Ti^{4+} \quad Pb^{2+} \quad Bi^{3+} \quad Ce^{3+} \quad Ce^{4+} \quad UO^{2+}$$

绿　　白　　白　　黄　　白　　黄　　白　　白　　白　　褐　　橙

可以利用这一高分子试剂从海水中提取铀。

d. 磷酸高聚物：

它对重金属离子有突出的吸附性，能从含有 Ca^{2+}、Cu^{2+}、Co^{2+} 的硝酸溶液中选择性地吸附 UO^{2+}。

2.4.2 高分子催化剂

高分子催化剂就是将具有催化活性的基团连接或固载于高聚物上而成的催化剂。

（1）高分子催化剂的分类。

高分子催化剂种类很多，最常见的就是酸或碱型的离子交换树脂，用于一般的酸或碱催化反应，在文献中介绍很多，并有不少专著论述，例如文瑞明等[6]对强酸性阳离子交换树脂催化合成乳酸异戊酯作了报道，而黄文强[7]则对强酸性离子交换树脂催化剂在有机合成中的应用进行了综述。

常见的高分子催化剂举列于表 2 – 8 中[8-17]。

表 2 –8　高分子催化剂

聚合物类型	催化基团	应用
磺化聚苯乙烯（强酸性阳离子交换树脂）	—SO₃H	水合、脱水、酯化、水解、缩醛（酮）生成、环化、醚化、缩合、烷基化、分子重排等
聚苯乙烯碱或季铵盐（强碱性阴离子交换树脂）	—CH₂N⁺Me₃OH⁻	水解、脱 HX、缩合、环化、酯化等
高分子 Lewis 酸	—AlCl₃、—BF₃、—FeCl₃ 等	合成缩醛（酮）、酯化、烷基化、异构化、成醚、分子重排等
Nafion 树脂超强酸	全氟磺酸	烷基化、酰基化、异构化、水化、酯化、硝化、重排、缩合
磺化聚氯乙烯	—SO₃H	类似高分子 Lewis 酸
聚乙烯吡啶铜（Ⅱ）络合物	—Cu(OH)ClPy	酚的氧化聚合
氯甲基化聚苯乙烯 – 染料	荧光黄曙红	光氧化反应

聚合物类型	催化基团	应用
聚苯乙烯－磷化物	—⟨⟩—CH₂PPh₂RhCl₂	加氢、取代反应
聚苯乙烯－二茂铁－钛化物	—CH₂⟨⟩Ti(Cl)(Cl)⟨⟩	加氢
聚苯乙烯固载季铵盐	—N⁺R₃X⁻	卤代、消除、成砜、腈代、酯化等
聚苯乙烯固载聚乙二醇	聚乙二醇	酯化、醚化、烷基化、接肽、合成二茂铁、酯水解、缩合等
氯化聚氯乙烯固载聚乙二醇	聚乙二醇	酯化、醚化、缩合、酯水解等
聚苯乙烯固载冠醚	冠醚	卤代、腈代等
聚苯乙烯固载鏻盐	—P⁺R₃X⁻	卤代、腈代、成酯、成醚等
固载化酶	酶	

高分子固载的 Lewis 酸是一类重要的催化剂，后面有专章讨论。高分子固载的相转移催化剂也是本书讨论的重点，后面也备有专章论述。

高分子催化剂近年来发展很迅速，由于不是本章重点，这里不一一论述。

（2）高分子催化剂的优点。

a. 反应体系是非均相的，催化剂的分离、回收容易，可提高生成物的纯度。

b. 高分子催化剂对水、空气的稳定性增加，易于操作，如 $AlCl_3$ 对水很敏感，但高分子化后在空气中放置 1 年都不失活。

c. 可提高反应选择性。例如，用苯乙烯－二乙烯苯共聚物与 $Cr(CO)_6$ 配位物作为山梨酸甲酯的氢化反应催化剂：

$$\text{\large ⌒⌒⌒COOCH}_3 \xrightarrow[\text{H}_2,\ 3\ 447\ 378.5\ \text{Pa}]{140\sim160\ ℃} \text{COOCH}_3 + \text{COOCH}_3 + \text{COOCH}_3$$
（Ⅰ）　　　　　　　　　　　　（Ⅱ）　　　　（Ⅲ）　　　　（Ⅳ）

此反应能得到 96%～98% 的产物（Ⅱ），仅有少量的（Ⅲ）和（Ⅳ）生成。

d. 高分子催化剂活性大，反应速度快，产率高。如聚苯乙烯固载 $AlCl_3$ 作为邻氯苯甲缩二乙醛的水解催化剂，得邻氯苯甲醛产率为 61%，而用 $AlCl_3$ 作催化剂，产率仅为 4%，又如聚苯乙烯连接表 2－8 中的二茂钛化物是乙炔或乙烯类的加氢催化剂，不但稳定性大大优于低分子二茂钛化物，而且反应活性也比低分子二茂钛化物高几倍。

2.5　反应性低聚物（遥爪预聚物）

反应性低聚物即分子两端带有反应性官能团的低聚物（相对分子质量小于 10^4），因其分子中的活性基团犹如 2 只爪子遥遥占据链的两端，所以又称为"遥爪预聚物"（telechelic-prepolymer），其相对分子质量不高，呈液态，在加工时可采用浇铸或注模工艺，最后可通过活性端基的交联或链的伸长成为高相对分子质量的聚合物，在聚合固化时，体积增大而占满模子，所以在制的模子上起作用。近年来发展的液体橡胶就是丁二烯或其共聚物的低聚物，还有异戊二烯、异丁烯、环氧氯丙烷、硅氧烷等低聚物。液体橡胶的出现引起高分子行业很大的重视，因它可使旧的繁重的橡胶加工工艺产生很大的变革。目前已商品化的遥爪预聚物大多数是丁二烯或其共聚低聚物，接端基性质可分为羧基、羟基、氨基、环氧基等，其中以含有羧基、羟基两种端基的预聚物最有实际意义。表 2-9 列出几种丁二烯遥爪预聚物的性质，可见不同方法聚合所得的聚丁二烯的链节微观结构是不同的。

表 2-9　丁二烯的遥爪预聚物

种类	聚合方法	相对分子质量	黏度(25 ℃)/ (Pa·s)	微观结构		
				反1,4	顺1,4	1,2
羧基封端	离子型	6 400	300	39	34	28
	离子型	5 400	260	43	35	23
	离子型	5 800	225	42	27	27
	自由基型	4 800	395	52	27	21
	自由基型	3 800	230	51	31	20
羟基封端	自由基型	3 150	61	57	26	21
	自由基型	4 400	490	55	24	20
	离子型	5 500	130	41	31	27
	离子型	3 600	62	41	31	30

2.6　高分子药物

高分子药物可能具备优良药物的几种性能：溶解度好、无毒性、对病菌有特征作用、在血液中停留时间长，人们可以通过单体结构的选择或共聚物组分的变化来改善药物的毒性和活性。例如目前已发现某些结构的化合物在正常细胞与病变细胞中的浓度是不一样的，如将这些结构引入高分子药物中作为载体，可使药物更多地进入病变细胞。其次，高分子药物的长效与贮藏效应是很大的优点，由于高分子药物不易排泄，以及和人体组织有一定相容性，可延长药物在人体内的作用时间，发挥更高的药效，这样就不需要病人多次服用药物。

目前高分子药物主要有以下几种类型。

2.6.1　高分子化合物作为载体的药物

这类药物具有长效、定位好、水溶性好等优点。例如：

(1)高分子化的维生素 B_1(1)、B_2(2)和高分子化的青霉素(3)(其药理提高 30~40 倍)。

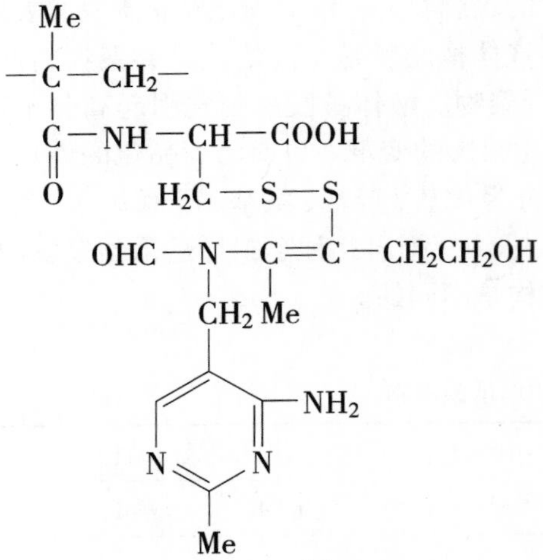

（1） 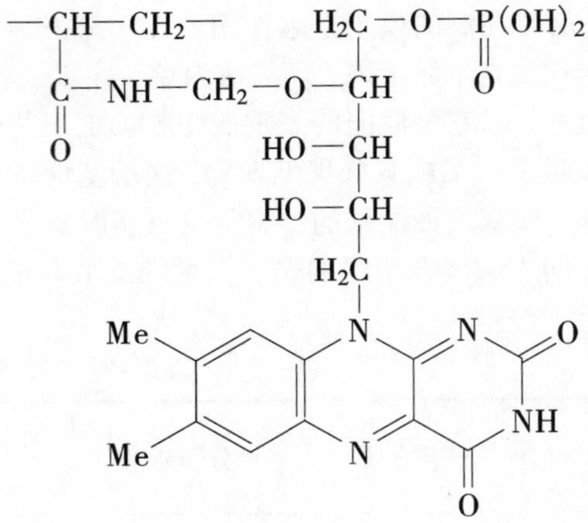　　　　　　　　　　　　（2）

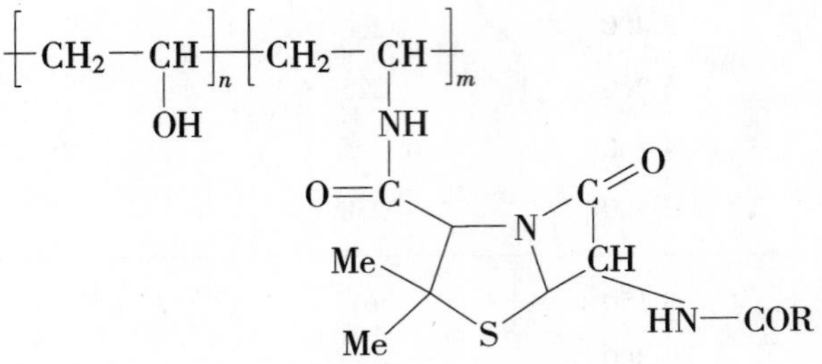

（3）

（2）高分子抗癌药物：环磷酰胺能使癌局部化，为了将之引入高分子链中，合成了单体（4）和（5），再与水溶性单体共聚，可增大水溶性。

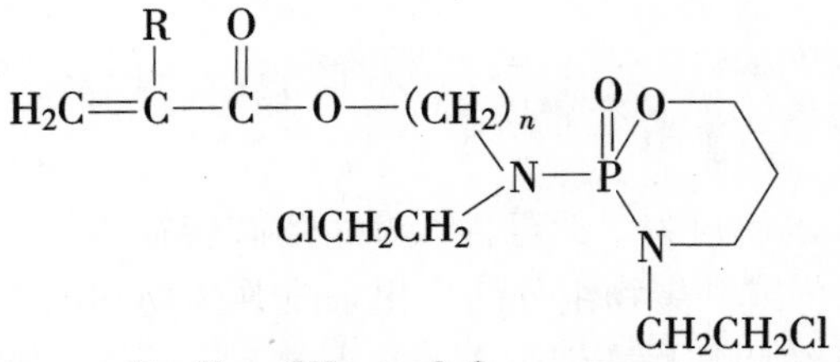

R = H, —CH₃　n=2, 3

（4）

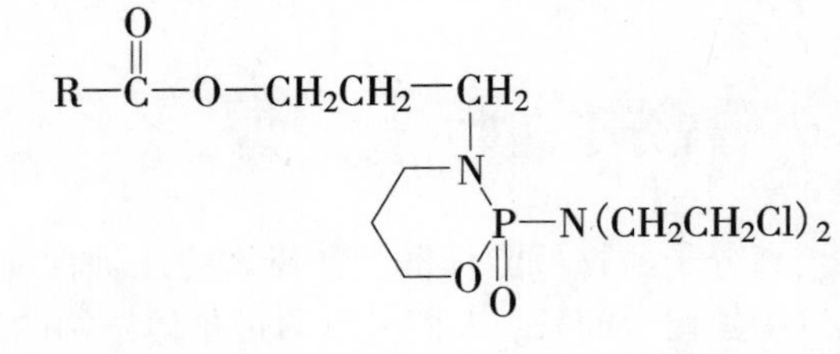

R = H₂C=CH—NH— , H₂C=CH— , H₂C=C—
　　　　　　　　　　　　　　　　　　　　CH₃

（5）

研究发现，在癌细胞中磺胺药和某些含硼的化合物的浓度高于一般正常细胞，因此可将这些结构引入高分子中成为抗癌药的载体。

（3）辐照防护药物：一些含硫、氮的化合物和 $HSCH_2CH_2NH_2$、$HSCH_2CHNH_2COOH$ 等对防辐照有效，故合成具有这些基团的单体，为了增加水溶性，与乙烯吡咯酮或丙烯酸共聚，得到下列高分子防辐照药物（6）：

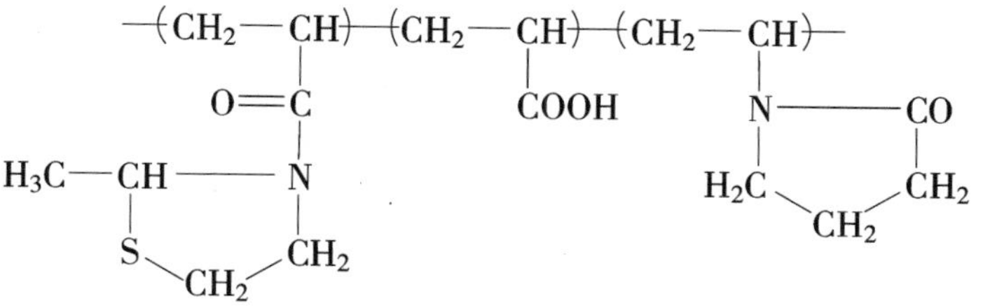

$$
-(CH_2-CH)-(CH_2-CH)-(CH_2-CH)-
$$

結构式 (6)

$$
\begin{array}{ccc}
31\% & (3\%) & (66\%)
\end{array}
$$

药物(6)经药理试验,3 h 后呈药效并能维持 7~8 d,而低分子 $HSCH_2CH_2NH_2$ 在 10~15 min 药效达最大值,药效仅能持续数分钟。

作为载体高分子,一般多用聚乙烯—CH_2—CH_2—主链或聚丙烯酸、聚乙烯醇等以酯键或酰胺键连接活性基因。特别是需要缓慢释放药性时,以酯键连接较稳定,载体要无毒,对药效无不良作用,为使药物有较好的亲水性,以便与生物组织有良好的相容性,可与水溶性单体共聚。

2.6.2 具有药理活性的高分子

(1)抗凝血性高分子:天然肝素(heparin)具有优异的抗凝血性质,它是含有高浓度 $-SO_3^-$,$-NHSO_3^-$ 及 $-COO^-$ 基团的多糖化物,模拟它的化学结构,合成了下列有较好抗凝血性的高分子。

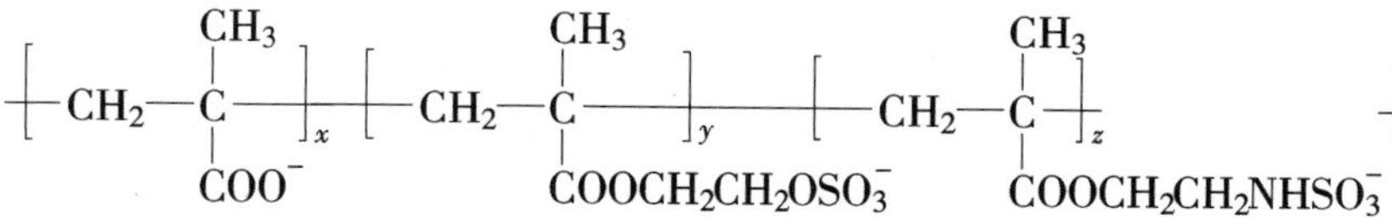

结构式 (7) 和 (8)

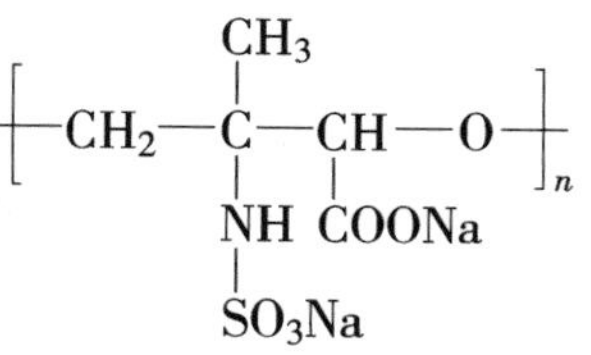

(2)抗肿瘤、癌的高分子药物:二乙烯醚(M_1)与顺丁烯二酸酐(M_2)共聚能得到 1:2 的交替共聚物 DVE – MA 共聚物(或称 pyran copolymer)。

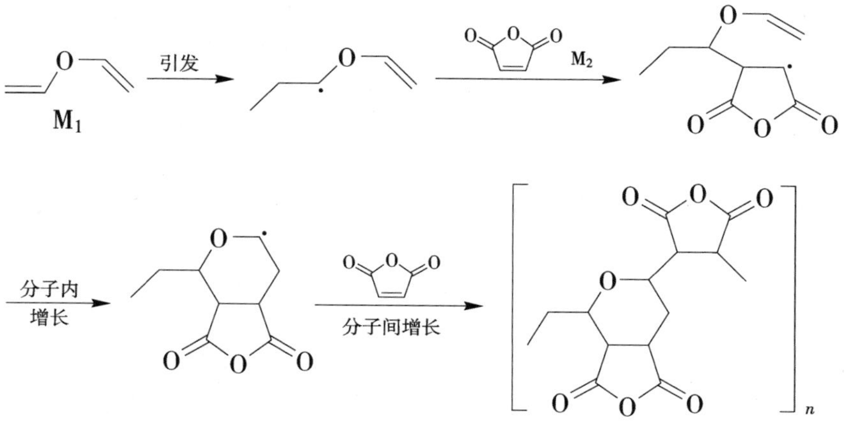

引发 → 分子内增长 → 分子间增长

DVE–MA共聚物

经研究其具抗肿瘤性,可能是干扰素诱导剂起了作用,它的活性与相对分子质量及相对分子质量分布有关。平均相对分子质量必须大于 3×10^3，但若超过 2×10^4 则毒性明显，相对分子质量分布窄时有较大药理活性。

某些低聚物带有表面活性的性质，具有防病毒转移及防癌转移作用，例如：

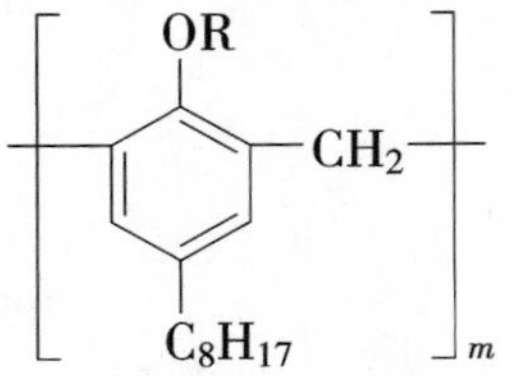

$$R = —CH_2CH_2O—(CH_2CH_2O)_n—CH_2CH_2OH$$
$$m = 1{\sim}10, \quad n = 4{\sim}10$$

（3）杀菌剂：某些含锡的聚合物和主链有季铵盐的聚电解质（ionone）是很好的杀菌剂。

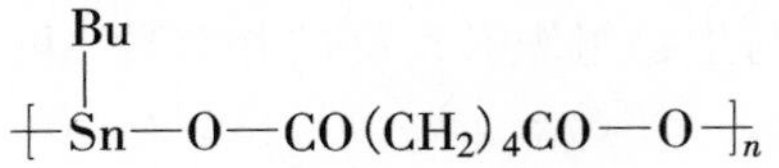

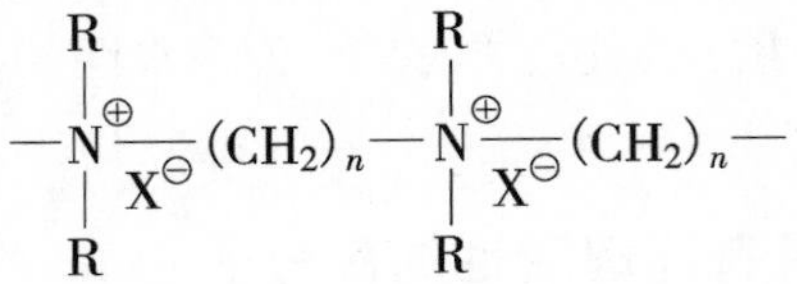

2.6.3　高分子微胶囊

近年来用高分子化合物作为膜材料，将药物作为囊心，包囊成 $1 \sim 1\,000~\mu m$ 的微胶囊，囊膜具有渗透或半渗透性质，药物可借压力、pH、酶、温度等方法完全释放。这种微胶囊药物能延缓释药作用达到长效的目的，患者不必多次服药，同时对某些药物有稳定化作用，有些还显示特殊的治疗作用。如机体肿瘤生长部位周围存有一定数量的天门冬酰胺，将天门冬酰胺酶微囊注入体内，囊内的酶可不断分解渗入囊内的天门冬酰胺，使肿瘤细胞失去这种必需的养分而受到抑制，因此药物的微胶囊化近年得到迅速发展。

2.7　仿生高分子

仿生化学是近年来新兴的一门基础学科，是在分子水平上研究和模拟生物功能的学科。

生物在自然界经历了亿万年的进化，发展了一套有关进行化学反应、能量转换和物质输送的既严密又高效的技能，仿生化学主要有以下几方面的内容：

（1）模拟生物体内的化学变化过程（如模拟蛋白质的生物合成过程、模拟酶的催化作用）。

（2）模拟生物体内的物质输送过程（如模拟生物膜、细胞的功能，血红蛋白运输氧的功能）。

（3）模拟生物体内的能量转换过程（如模拟光合作用、生物固氮、人体内能量转换、氧化还原能转变为机械能等功能）。

其中酶、生物膜、细胞、肌肉等都处处含有生物高分子。仿生高分子就是模拟生物高分子的合成、酶的催化功能、能量的传递和转换、氧的输送、自动控制生化反应等功能的高分子化合物。有关这方面的内容涉及一定的生物及生物化学等知识，已有专门的书详细论述，也非本书重点，知识面又较广，此处不作专门讨论。

综上所述，功能高分子涉及的范围很广，本书选取了作者在功能树脂领域的两个研究方向，从绿色化学的角度重点探讨了聚合物固载 Lewis 酸催化剂和聚合物固载相转移催化剂的制备方法、催化作用机理及在有机合成中的应用；探讨了后交联树脂的绿色制备及在废水处理中的应用。

参考文献

[1]林尚安，陆耘，梁兆熙. 高分子化学[M].北京：科学出版社，1982：824.

[2]陈家威.离子交换树脂用作聚合物试剂方面的新进展[J].高分子通报，1992(3)：156－169.

[3]Pepper K W, Paisley H M, Young M A, et al. Properties of ion-exchange resins in relation to their structure. Part VI. Anion-exchange resins derived from styrene-divinyl-benzene copolymers[J]. Journal of the Chemical Society, 1953：4097－4105.

[4]康汝洪，李伟，单颖.大孔聚苯乙烯树脂支载聚乙二醇的合成及其催化性能的研究[J].有机化学，1990(1)：78－82.

[5]蒋英，梁逊，陈伟朱，等.固载化聚乙二醇树脂的合成及其接肽性能研究[J].化学学报，1987(11)：1112－1118.

[6]文瑞明，丁亮中，罗新湘，等.强酸性阳离子交换树脂催化合成乳酸异戊酯[J].湖南化工，2000，30(6)：24－25.

[7]黄文强.强酸离子交换树脂催化剂在有机合成中的应用[J].离子交换与吸附，1991，7(2)：147－156.

[8]俞善信.磺化聚苯乙烯树脂的催化活性研究[J].湖南师范大学学报(自然科学版)，1992，15(2)：160－163，167.

[9]俞善信.磺化聚氯乙烯的催化酯化作用[J].离子交换与吸附，1992，8(4)：295－298.

[10]李德有.季铵型聚合物载体试剂在有机合成中的应用[J].化学试剂，1984，6(6)：340－346，352.

[11]俞善信，杨建文.聚苯乙烯固载聚乙二醇催化合成二茂铁[J].化学世界，1991(7)：308－310.

[12]俞善信，杨建文.聚苯乙烯固载化聚乙二醇的应用研究[J].湖南师范大学学报(自然科学版)，1991，14(1)：61－65.

[13]俞善信.氯化聚氯乙烯固载聚乙二醇相转移催化作用的研究[J].湖南师范大学学报(自然科学版)，1991，14(4)：325－329.

[14]俞善信，刘文奇.聚苯乙烯固载聚乙二醇在有机合成中的应用(Ⅱ)[J].离子交换与吸附，1992，8(3)：211－216.

[15]罗家忠，黄文强，何炳林.Nafion 树脂超强酸催化剂在有机合成中的应用[J].离子交换与吸附，1992，8(3)：267－279.

[16]Akelah A, Sherrington D C. Application of functionalized polymers in organic synthesis[J]. Chem Rev, 1981, 81(6)：557－587.

[17]俞善信，文瑞明，游沛清.高分子载体 Lewis 酸催化剂的研究进展[J].湖南文理学院学报(自然科学版)，2008，20(4)：36－40.

第 3 章
聚合物固载 Lewis 酸催化剂的制备及应用

3.1　Lewis 酸催化剂

催化剂的重大贡献就是通过化学作用大大加速化学反应速度，使成千上万个速度缓慢的反应速度加快以便实现工业化。催化剂的应用为人类活动提供了广阔的天地。利用它可以为化学工业广辟资源，促进化工生产的技术革新。

3.1.1　催化反应的基本原理[1]

各类化学反应的速度之间的差异是很大的，快的反应在 ps（即 10^{-12} s）内便可完成，如 HCl 和 NaOH 溶液的酸碱中和反应，就是这样"一触即发"的快速反应。而慢的反应，则要经历万年或亿年的时间，才能察觉到。例如，由 H_2 和 O_2 反应生成 H_2O，根据热力学计算这个反应可能性很大，但是，在常温常压下，如果把 H_2 和 O_2 放在一个容器里，根据分子撞碰理论计算，就是放上 106 亿年，也只有 0.15% 的水生成。实验表明，倘若在容器内放入铂黑作催化剂，只需 1 s 左右 H_2 和 O_2 便全部化合为水。

为什么有催化剂参与的催化反应和没有催化剂参与的反应有如此巨大的差别呢？显然，我们必须从影响化学反应的过程的各个因素去寻找原因，在催化剂的参与下，哪些情况起了变化。

（1）化学吸附。

气体分子能在固体表面上吸附，人们很早就知道这一现象。20 世纪 20 年代至 30 年代，泰勒（Tylor）等提出"活性中心"的概念，认为固体催化剂的表面上存在活性中心，反应分子被吸附在活性中心上，发生"变形"，并生成活化络合物，这是催化剂能加速反应的原因；并提出催化剂之所以具有选择性，是由于不同催化剂或是同一催化剂的表面上，有着不同性质的活性中心。他们仔细地研究了吸附现象，严格地区别了化学吸附和物理吸附的不同性质，并指出，化学吸附才能产生催化作用。

根据进一步的研究，若有两种物质 A 和 B 在固体催化剂表面 S 上发生双分子反应，形式上有两种可能的反应方式。

a. A 和 B 分子中只有一种分子被化学吸附在催化剂表面上，另一种分子（从气相或以弱的物理吸附保持在表面上的分子）与吸附着的分子再起作用，形成活化络合物，最后转变成产物：

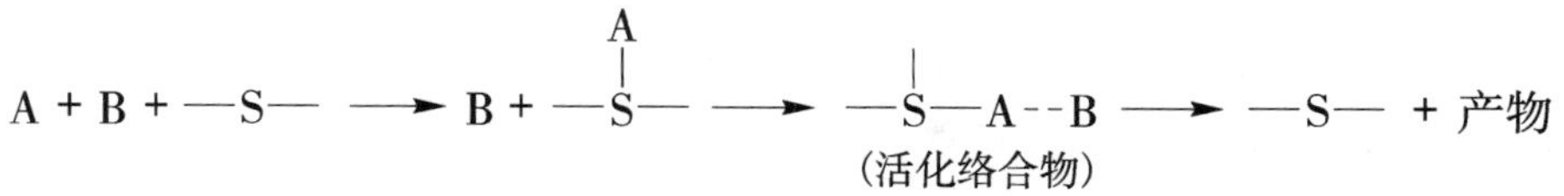

$$A + B + —S— \longrightarrow B + \overset{A}{\underset{|}{—S—}} \longrightarrow —S—A\text{-}\text{-}B \longrightarrow —S— + 产物$$
$$(活化络合物)$$

这种反应形式通常称为爱林－雷迪尔（Eley – Rideal）机理。

b. A 和 B 两种分子都被化学吸附在催化剂相邻表面上，然后发生作用形成活化络合物，再转变为产物：

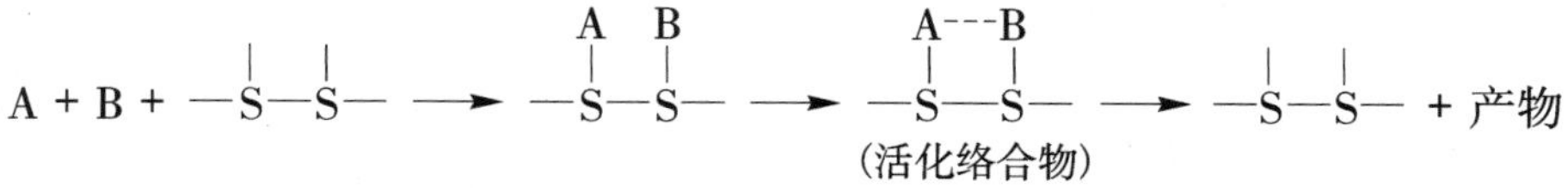

$$A + B + \overset{}{\underset{|}{—S}}\overset{}{\underset{|}{—S—}} \longrightarrow \overset{A}{\underset{|}{—S}}\overset{B}{\underset{|}{—S—}} \longrightarrow \overset{A\text{-}\text{-}\text{-}B}{\overset{|}{\underset{|}{—S}}\underset{|}{—S—}} \longrightarrow \overset{}{\underset{|}{—S}}\overset{}{\underset{|}{—S—}} + 产物$$
$$(活化络合物)$$

这种反应形式通常称为朗缪尔－欣谢尔伍德（Langmuir – Hinshelwood）机理。

（2）能量因素。

反应物在固体催化剂表面上进行化学吸附的结果，首先是改变了反应的能量因素。

能量因素主要是指活化能（严格地说是活化自由能）。我们知道，反应过程中反应分子要克服分子与分子之间、电子与电子之间、原子核与原子核之间的排斥力，断裂部分旧键，形成部分新键，并把自己变成一种活化体（或称为活化络合物），才能进一步转化为产物分子（图 3 – 1）。

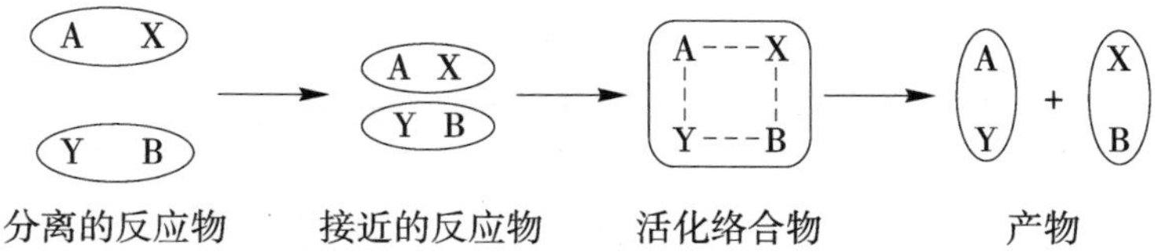

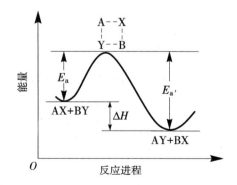

分离的反应物　　　接近的反应物　　　活化络合物　　　产物

图 3 – 1　AX + BY ⟶ AY + BX 反应示意图

因为活化体的能量比反应分子的平均能量要高些，因而在反应坐标上，就出现了一个与活化体能量相对应的能量高峰 E_a（见图 3 – 2），这个能峰称为活化能。从图 3 – 2 可见，正反两个方向的活化能与反应热有如下关系：

$$E_a + \Delta H = E_{a'}$$

一个化学反应，并不是等到所有的旧键断裂后才能形成新的键，而是在旧键部分断裂的同时，新键也部分形成了，因而活化能不是所有旧键断裂的键能之和，而只是总和中的 5% ~ 30%。这是因为在新键部分形成时放出的一些能量可以补偿断裂旧键所需的一部分能量。估计活化能的经验公式有：

$$E = a \sum D_{新键}$$

式中：$D_{新键}$ 为断键的键能；a 为依反应而定的常数，$a \leqslant 1$。或者

图 3 – 2　反应进程中能量的变化

$$E = 11.5 - 0.25|\Delta H| \quad (\text{放热反应})$$
$$E = 11.5 - 0.75|\Delta H| \quad (\text{吸热反应})$$

我们知道，分子间的能量分布具有统计性，在一定温度下，气体分子的能量有的大，有的小，一般情况下，能量很大的和能量很小的分子占总数中的比例都比较小，大部分的分子具有中等大小的能量，如图 3-3 所示。根据理论分析，能量大于 E_a 的分子数占分子总数的比例为：

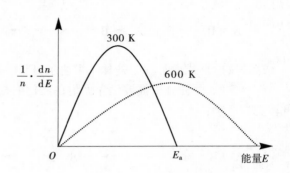

图 3-3　分子能量分布图

$$n_{E_a}/n_{\text{总}} = \mathrm{e}^{-E_a/(RT)}$$

关于能量因素，可以提出下面几条要点：

a. 只有能量比活化能 E_a 大的分子(称为活化分子)，才能越过这个能峰，变为最后产物。

b. 当 E_a 一定时，温度越高，活化分子的百分数越大，见图 3-3 中的虚线。

c. 在一定温度下，E_a 越小，活化分子的百分数越大。

d. 不同的反应途径，有不同的活化体，因而也有不同的活化能。

催化剂之所以能够加快化学反应速度，是由于催化剂参与了化学反应的某些中间过程，提供了一条新的反应途径，降低了反应的活化能。表 3-1 中列出了均相非催化反应和多相催化反应的活化能。

表 3-1　均相非催化反应和多相催化反应的活化能

反应	催化剂	活化能/kJ	
		多相催化	均相非催化
$2HI \longrightarrow H_2 + I_2$	Au	104.60	184.09
$2N_2O \longrightarrow 2N_2 + O_2$	Au	121.34	244.76
$2N_2O \longrightarrow 2N_2 + O_2$	Pt	135.98	244.76
$2NH_3 \longrightarrow N_2 + 3H_2$	W	163.18	326.35

因此，通常说，催化剂降低反应的活化能而使反应速度加快。

(3)极性因素(电子因素)。

分子的电性质可以从极性 δ 和极化率 a 两方面来影响反应的速度。A—B 键的极性 δ 定义为：

$$\delta_{A-B} = (a_B - a_A)/(a_B + a_A)$$

式中：a_A 和 a_B 分别代表元素 A 和 B 的电负性。电负性的差值($\Delta a = a_B - a_A$)越大，分子的键(偶极)矩也越大，因而分子的极性也越大。没有极性的分子叫作非极性分子。在外场(电磁场)作用下，不论是极性分子还是非极性分子，都会被极化而产生诱导偶极矩。在单位电场强度的外场作用下所产生的偶极矩称为极化率，即 $a = \mu/F$，式中 μ 为偶极矩，F 为电场强度。由于分子的极性在化学反应进程中有利于极性吸附和(或)有利于其他反应分子的进攻，而加快反应速度。

不同催化剂的活性中心的结构是不同的，它们对于结构较复杂的反应分子的不同基团的吸附强弱也不同，对于其极化程度的影响也不同。因此，某一种（或数种）催化剂在一定条件下（如某一温度范围），常能导致反应系统的分子向专一生成物的方向进行，表现出高度的选择性。

（4）空间因素。

空间因素指分子中所含的各种基团（或原子）的有效体积（即原子的共价半径或基团的范德华半径在空间占有的体积），这些基团之间的相互影响与相互距离，也就是基团的大小、空间几何位置、键长（共价键的键长就是构成键的 2 个原子核间的距离）、键角（1 个原子与其相邻的 2 个原子或基团形成的 2 个共价键在空间的夹角），以及整个分子的形状等空间因素，对于反应速度可能产生很大的影响。这些空间因素在化学上或物理上所产生的效应称为空间效应。

空间效应的内容较广，比较复杂，有的对反应不利，有的对反应有利，因各具体情况不同而有差异，此处不多讨论。

3.1.2　Lewis 酸

（1）酸碱定义的发展。

我们知道，像硫酸、盐酸、磷酸之类的物质，称为酸，因它们在水中都能给出 H^+；像氢氧化钠、氢氧化镁等物质，称为碱，因为它们在水中都能给出 OH^-。这就是阿伦尼乌斯（Arrhenius）的水离子论。

然而，随着人们实践的逐渐深入，酸碱的概念也在不断地发展。

布朗斯特（Bronsted）以质子为核心，给酸碱下了这样的定义：能给出质子的物质，称为酸又称质子酸；能接受质子的物质称为碱。为简便起见，分别称为 B 酸和 B 碱。如果把 NH_4Cl 溶于水的反应写成下式，便可以看出酸碱：

$$NH_4^+ + H_2O \Longrightarrow H_3O^+ + NH_3$$
$$\text{B酸}\quad\text{B碱}\qquad\text{B酸}\quad\text{B碱}$$

其中 NH_4^+ 给出质子后变成 NH_3，H_3O^+ 给出质子后变成 H_2O，NH_4^+ 和 NH_3，H_3O^+ 和 H_2O 之间互为酸碱，称为共轭酸碱。此论称为布朗斯特酸碱质子论。

实际上还经常遇到酸性氧化物和碱性氧化物生成盐的中和反应，其中并没有发生质子的给予与接受。

路易斯（Lewis）以孤单电子对为核心，也给酸碱下过定义：能接受电子对的物质称为酸，能给出电子对的物质称为碱，分别简称为 L 酸和 L 碱。酸碱反应是碱与酸共享电子对的作用，也就是生成配位共价键的作用。碱是电子对的给予体，酸是接受体。中和反应的过程可以说是配位作用，产生一个配位化合物（或叫配位络合物或加成物）。配位化合物可以看作由一个酸的部分和一个碱的部分所组成。

例如：

$$
\begin{array}{ccc}
\text{F} & \text{H} & \text{F H} \\
\text{F:B} + \text{:N:H} \longrightarrow & \text{F:B:N:H} \\
\text{F} & \text{H} & \text{F H} \\
\text{L酸} & \text{L碱} & \text{配位化合物}
\end{array}
$$

这种酸碱理论称为路易斯电子论。

（2）路易斯（Lewis）酸的分类[2]。

路易斯碱本质上与布朗斯特碱没有什么不同。事实上，布朗斯特碱是路易斯碱的一部分。除阴离子外，路易斯碱也包括具有孤对电子及 π 电子体系的分子。π 络合物在有机化学和有机金属化学中起着重要的作用。

路易斯酸理论把酸的范围大大扩展了。质子固然是一个十分重要的强酸，然而按照路易斯定义来说，质子只是许多路易斯酸中的一种而已。路易斯酸仅仅只需具备一个条件，就是只要在价电子层有一个可用的空轨道就够了。换言之，任何物质，只要其组成的原子含有这样的空轨道，就可能是一个路易斯酸。

路易斯酸有以下 5 种类型：

a. 简单的阳离子。理论上一切简单的阳离子都是路易斯酸。钾离子（K^+）是一个很弱的路易斯酸，铝离子（Al^{3+}）是一个强的路易斯酸。下列各因素都能提高阳离子的酸度或配位能力：（a）离子正电荷增加；（b）原子核电荷数的增加；（c）离子半径的减小；（d）屏蔽电子层数的减少。这意味着，简单的阳离子的路易斯酸度，随元素在周期表中位置从左至右，自下而上地增加。

$$\xrightarrow{\text{路易斯酸强度依次递增}}$$

$$Fe^{2+} < Fe^{3+}$$
$$K^+ < Na^+ < Li^+$$
$$Li^+ < Be^{2+} < B^{3+}$$

对于各组过渡元素而言，每组从头至尾，当核电荷递增时，离子半径随之收缩而屏蔽层数并未增加，结果许多过渡元素的阳离子成为强的路易斯酸，有强烈的生成络合物离子的倾向。

下面列举几种典型的路易斯酸反应：

氨合反应 $Ag^+ + 2\ddot{:}\overset{H}{\underset{H}{N}}\ddot{:}H \longrightarrow \left[\ H\ddot{:}\overset{H}{N}\ddot{:}Ag\ddot{:}\overset{H}{N}\ddot{:}H\ \right]^+$

水合反应 $Al^{3+} + 6H_2O \longrightarrow \left[Al(H_2O)_6\right]^{3+}$

醇合反应 $Li^+ + CH_3OH \longrightarrow \left[\ Li\ddot{:}\overset{\displaystyle O—CH_3}{\underset{\displaystyle H}{|}}\ \right]^+$

生成铁氰化物 $Fe^{3+} + 6CN^- \longrightarrow \left[Fe(CN)_6\right]^{3-}$

上面列举的络合物中，排列在中心阳离子周围的分子或离子叫配位体。配位体与中心离子之间并不全是用真正的共价键相结合的。在不少情况下，这些键属于离子型或离子偶极子型。往往在一个络合物中可以存在不止一种的配位体。阳离子和配位体之间可能有多种不同的组合，由此形成数量庞大的络合物。普通的配位体有分子碱（如水、氨和乙二胺）和离子碱（如氢氧化物、氰化物、硝酸盐、碳酸盐、草酸盐、硫化物、硫代硫酸盐、硫代氰酸盐和卤化物离子）。

在有机化学中，有不少活性正离子被认为是反应的活性中间体，其中有硝基正离子（NO_2^+）、溴正离子（Br^+）以及烷基正离子（R^+）和酰基正离子（RCO^+）等，虽然不一定是简单的阳离子，也可归属于路易斯酸。

　　b. 中心原子的电子结构为不完整的八隅体。这是一类最重要的路易斯酸。典型的实例有：BF_3、BCl_3、$AlCl_3$、$ZnCl_2$、SO_3、$FeCl_3$、$SnCl_4$、$Fe(NH_4)(SO_4)_2$、$B(CH_3)_3$ 等。作者探索过 $FeCl_3$[3-5]、$Fe(NH_4)(SO_4)_2$[6-8]、$SnCl_4$[9-12]在有机合成中的应用，结果表明，这些 Lewis 酸催化剂催化效果较好，且克服了浓硫酸催化剂对设备的严重腐蚀和对环境的污染问题。

　　这类路易斯酸的强度，因存在下列各项因素而得以提高：

　　（a）中心原子核电荷数的增大；

　　（b）配位原子的相对电负性增大；

　　（c）中心原子半径减小；

　　（d）中心原子的屏蔽电子层数减少。

　　然而，这些规则并非普遍适用，有一些例外，用这些规则解释不通。例如，大多数由三甲基硼生成的碱，其酸度的增加超过了三氟化硼所生成的碱。

　　这类路易斯酸的配位作用举例如下：

生成硫酸盐　　　　　$\underset{\text{酸}}{SO_3} + \underset{\text{碱}}{O^{2-}} \longrightarrow \underset{\text{配位络合物}}{SO_4^{2-}}$

生成醚化物　　　　　$BF_3 + \underset{\underset{C_2H_5}{|}}{O}-C_2H_5 \longrightarrow F_3B \overset{..}{\underset{\underset{C_2H_5}{|}}{:O}}-C_2H_5$

生成氟化物络离子　　$BeF_2 + 2F^- \longrightarrow [BeF_4]^{2-}$

生成氟铝酸　　　　　$AlF_3 + HF \longrightarrow HAlF_4$

生成硫酸　　　　　　$SO_3 + H_2O \longrightarrow H_2SO_4$

　　最后一反应虽然比较复杂，除进行配位作用外，还发生了质子的转移，不过关键一步还是路易斯酸碱反应。

　　c. 中心原子的八隅体能够扩大的化合物。碳和硅 2 个元素位于周期表同一族。然而四氟化硅和四氯化硅比四氟化碳和四氯化碳活泼得多，简直不可同日而语。其原因就是硅有空的 d 轨道，因而能扩大八隅体结构而起路易斯酸的作用。举四氟化硅与氟离子反应生成氟硅酸根离子为例：

$$SiF_4 + 2F^- \longrightarrow [SiF_6]^{2-}$$

　　碳不具有可用的 d 轨道，它不能同样地扩大八隅体，其价电子层的电子数不能超过 8 个。第一个八元素周期（第二周期）的各元素都是如此。

　　事实上，硅的卤化物代表了一大群具有空 d 轨道而能扩大其八隅体的卤化物，其中有：$SnCl_4$、$TiCl_4$、PCl_3、SF_4、SeF_4。这些卤化物都能与卤离子以及有机碱（如醚类 ROR）反应生成加成物或配位化合物。

　　这类卤化物能与水发生剧烈的水解反应而产生含氧酸或氧化物以及相应的卤化氢。反应进行的程度决定了卤化物作为路易斯酸的能力。为了移去每个卤原子，反应的第一步是卤化物作为酸与作为碱的水进行酸碱配位作用。第二步则从加成物上消除卤化氢。当三氯化磷发生水解时，除去第一个氯的机理可能如下式表示：

$$PCl_3 + H_2O \longrightarrow [Cl_3P:OH_2] \longrightarrow Cl_2P:OH + HCl$$

　　其余 2 个氯在继续进行水解时也如此，累计生成 3 分子氯化氢，1 个质子移位而生成亚磷酸（H_3PO_3）。三氯化氮（NCl_3）的中心原子是氮，其八隅体不能扩大，因而水解方式与三氯化磷完全不同，产物是氨和次氯酸：

$$NCl_3 + 3HOH \longrightarrow NH_3 + 3HOCl$$

　　d. 中心原子带有重键的化合物。这类化合物中，带有重键的原子能够在接受共享电子对的同时，在重键上的一对电子发生移位。这种情况特别在有机化合物中多见。这类化合物严格地讲原来不具有可用的空轨道，但是当引进的碱迫使分子内的电子对移位时，就形成了可用的空轨道。二氧化碳属于这类路易斯酸。所以这类化合物也归属于路易斯酸类。

　　当用氢氧根离子中和二氧化碳时，生成酸式碳酸根离子。这个反应用路易斯酸碱反应的形式表示如下：

$$\ddot{O}::C::\ddot{O} \ + \ ^-\!:\!\ddot{O}\!:\!H \longrightarrow \ddot{O}::C\!:\!\ddot{O}\!:^- \\ :\ddot{O}: \\ H$$

酸　　　　　　碱　　　　　配位络合物

　　上面是配位作用的过程：二氧化碳（酸）从氢氧根离子（碱）接受一对电子并与之共享。碱的进攻目标是电负性较小的碳原子，把重键的一对电子排斥到电负性较大的氧原子上面。当然也可能把重键的一对电子排斥到碳原子左边的氧原子上面，这时生成的负电荷定域在左边氧原子上，其共振结构为 $\left[^-\!:\!\ddot{O}\!:\!C::\ddot{O} \atop :\ddot{O}: \atop H \right]$，酸式碳酸根离子是共振杂化体。由氢氧根离子所引起的电子密度和负电荷的增大被二氧化碳的原来的 2 个氧原子分享了。

　　前面所讲的三氧化硫的酸反应也可以属于这一类型。三氧化硫与氢氧根离子（碱）发生反应：

$$SO_3 + OH^- \longrightarrow SO_3OH^-$$

所生成的酸式硫酸根离子也与酸式碳酸根离子属于同样的类型。

　　醛（RCHO）和酮（RCOR′）的加成反应也可以归入此类。例如，把氰化氢加到丙酮上生成丙酮合氰化氢，反应的第一步是氰离子（碱）和丙酮（酸）的配位作用：

$$H_3C-\overset{\overset{\textstyle O}{\|}}{C} \ + CN^- \longrightarrow H_3C-\overset{\overset{\textstyle O^-}{|}}{\underset{\underset{\textstyle CH_3}{|}}{C}}-CN \ \xrightarrow[HCN]{H_2O \ or} H_3C-\overset{\overset{\textstyle OH}{|}}{\underset{\underset{\textstyle CH_3}{|}}{C}}-CN \ + OH^-\,(\,or \ CN^-\,)$$

酸　　　碱　　　　配位络合物

　　e. 电子结构为六隅体的元素单质。起氧化作用的氧和硫原子是路易斯酸。单质的氧和硫原子在这种情况下是电子对接受体。从这样的观点出发，我们可以把硫原子氧化亚硫酸根生成硫代硫酸根，以及硫原子氧化硫化物生成多硫化物，都看作酸碱反应：

酸　　　碱　　　　　　　配位络合物

$$:\ddot{S} \ + \ :\overset{:\ddot{O}:}{\underset{:\ddot{O}:}{\ddot{S}}}\!:\!\ddot{O}\!:^{2-} \longrightarrow \ :\ddot{S}\!:\overset{:\ddot{O}:}{\underset{:\ddot{O}:}{\ddot{S}}}\!:\!\ddot{O}\!:^{2-}$$

$$:\ddot{S} \ + \ :\ddot{S}\!:^{2-} \longrightarrow \ :\ddot{S}\!:\!\ddot{S}\!:^{2-}$$

请注意，这里把这一部分氧化还原反应统一到酸碱反应里来了。

　　从上述各类路易斯酸及其典型的反应，可以充分说明，路易斯酸碱的定义确实比布朗斯特的定义范围大大地扩大了，然而这只不过是逻辑上向前推进了一步而已。这两种观点不仅有形式上的密切联系，而且在实际问题上也有着密切的联系。事实上，路易斯正是以实验事实为依据，推导出酸碱的电子理论的。在水溶液中，以氢氧化钠对盐酸进行测定时，用结晶紫为指示剂，酸性显黄色，碱性显紫色。现在用氯苯为溶剂，以三氯化硼或四氯化锡来滴定吡啶或三甲胺，也用结晶紫为指示剂，颜色的变化也是酸性时呈黄色，碱性时呈紫色。吡啶和三甲胺可以认为是布朗斯特碱。三氯化硼和四氯化锡根本不含质子，不好看作布朗斯特酸。但用电子对给予和接受的观点来看，上面所提到的反应确实也是酸碱反应。二氧化碳、二氧化硫、三氧化硫、四氯化锡、三氯化铝和三氯化磷等都是路易斯酸，它们的水溶液都有酸性。如不用结晶紫而用酪黄和麝香酚蓝等其他指示剂，也可得到类似的结果。可见路易斯酸碱电子理论在实验上也是有广泛基础的。

路易斯观点不仅在理论上有重大突破，同时还具有重大的实践意义。特别是在有机化学的酸催化反应方面，三氯化铝、三氯化硼、三氧化硫和溴化铁等路易斯酸是重要的酸催化剂。它们在许多反应中能代替布朗斯特酸催化剂（如硫酸和氟化氢等），而且催化性能常常比布朗斯特酸优越，甚至有一些反应，用布朗斯特酸无法催化，而用路易斯酸则能使反应效果明显。

3.1.3　Lewis 酸催化有机反应的机理

（1）与醇的作用。

前面已经提到，催化剂之所以能加速反应，是由于催化剂参与了化学反应中的某些中间过程，形成活化络合物越过能峰降低反应的活化能。例如：Lucas 反应中用到的 Lucas 试剂就是氯化锌的浓盐酸溶液。反应时路易斯酸催化剂氯化锌与醇作用形成配位络合物：

$$ZnCl_2 + ROH \longrightarrow \quad Cl—Zn:\overset{\underset{\displaystyle}{Cl}\ \ \overset{H}{|}}{\underset{}{O}}—R$$

这种配位络合物的分解趋势决定于碳原子：

$$Cl—Zn:O—R \rightleftharpoons Cl—Zn:\ddot{O}—H + R^+$$

三级碳正离子生成最快，随即与 HCl 反应生成 RCl，很快与水溶液分层；仲醇反应较慢，伯醇无显著反应。

当作用的醇为三级 α – 二醇时则易发生片呐醇重排，例如[13]：

$$\underset{OH\ OH}{Ar—\overset{\overset{Ar}{|}}{C}—\overset{\overset{Ar}{|}}{C}—Ar} \xrightarrow{FeCl_3} \underset{\underset{FeCl_3}{OH\ OH}}{Ar—\overset{\overset{Ar}{|}}{C}—\overset{\overset{Ar}{|}}{C}—Ar} \xrightarrow{-FeCl_3(OH)^-} \underset{OH}{Ar—\overset{\overset{Ar}{|}}{C}—\overset{\overset{Ar}{|}}{\overset{+}{C}}—Ar} \xrightarrow[-H^+]{重排} \underset{O}{Ar—\overset{\overset{Ar}{|}}{C}—CAr_3}$$

生成的 R^+ 较稳定，也能与另一分子醇作用生成醚：

$$R^+ + ROH \longrightarrow R_2\overset{+}{O}H \longrightarrow ROR + H^+$$

所生成的 H^+ 能与中间体作用：

$$ZnCl_2(OH)^- + H^+ \longrightarrow ZnCl_2 + H_2O$$

$$FeCl_3(OH)^- + H^+ \longrightarrow FeCl_3 + H_2O$$

（2）与芳烃的作用[14]。

芳烃，特别是苯环，是一个离域的 π 轨道体系，负电荷集中于碳环平面的上下，因而不易受亲核试剂的进攻，但有利于阳离子 X^+ 和缺电子型体（即亲电子试剂）的进攻。亲电体与离域的 π 轨道之间相互作用，则形成了下列 π 络合物：

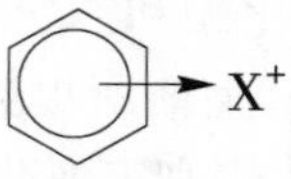

例如甲苯与 HCl 在 $-78\ ^\circ\mathrm{C}$ 时生成 $1:1$ 的络合物，但当存在一个具有缺电子轨道的化合物，例如 Lewis 酸 $AlCl_3$ 时，则生成另一种络合物。当用 DCl（代替 HCl）$-AlCl_3$ 作用于苯时则生成下列 σ 络合物：

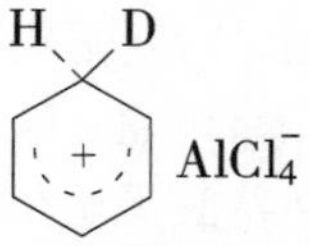

这里正电荷被核环上 5 个碳原子通过其 π 轨道所共享。

以甲苯同 HCl 所形成的 π 和 σ 络合物为例，两者确实存在差别，这可以从它们的不同性质来证明。生成 π 络合物的溶液并不导电，没有颜色的变化，其紫外吸收光谱也几乎没有差别，这些都表示着原来甲苯中的电子分布只受到很小的干扰；但当有 $AlCl_3$ 存在时，溶液就变成绿色，能导电，其紫外吸收光谱也与原来的甲苯不同，这表示生成了上述的 σ 络合物，没有生成 $H^+AlCl_4^-$ 这种类型的络合物。

我们知道，苯发生卤代（溴化或氯化）反应时必须有 Fe 或 $FeBr_3$ 存在，并且速率与下列因素有关：

$$速率 = k[\mathrm{Ar-H}][\mathrm{X_2}][\mathrm{Lewis\ 酸}]$$

显然，Lewis 酸促进了卤代反应的进行，促进了卤素的极化。这是苯同卤素（例如同 Br_2）作用首先生成 π 络合物，然后与 Lewis 酸作用，使 Br—Br 极化，然后协助已极化的溴分子的亲电端同苯环上的碳原子生成 σ 键，最后帮助移去新生成的 Br^- 而生成 σ 络合物：

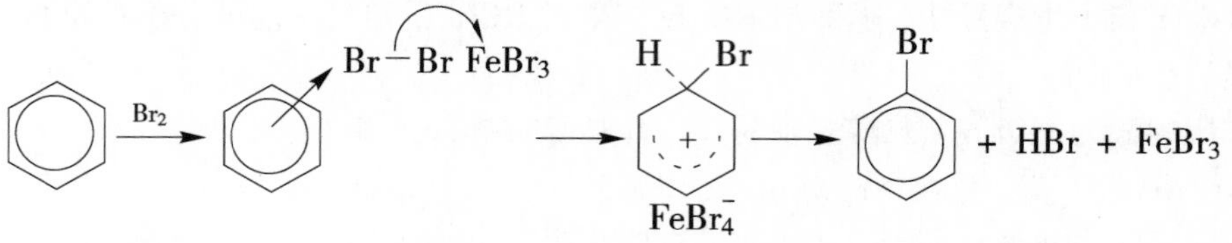

阴离子 $FeBr_4^-$ 协助从 σ 络合物上移去质子。

卤代烷 RX 中的碳原子是亲电性的，但还未达到能使其同芳香烃起取代反应，为达到此目的，也需要 AlX_3 类 Lewis 酸。卤代烷与 Lewis 酸起反应已由下述现象得到证明：将 EtBr 和含放射性溴的 $AlBr_3^*$ 混合重新分离，两者的放射性即可互换，而且也确实可分离出 $1:1$ 的固体络合物，例如在低温下（$-78\ ^\circ\mathrm{C}$）的 $CH_3Br \cdot AlBr_3$。这些络合物虽是极性的，却只有很弱的导电性。当 R 能生成特殊稳定的阳离子时，例如 $Me_3C\!-\!Br$，则在烃化时作为进攻的亲电体实际上是碳阳离子 Me_3C^+：

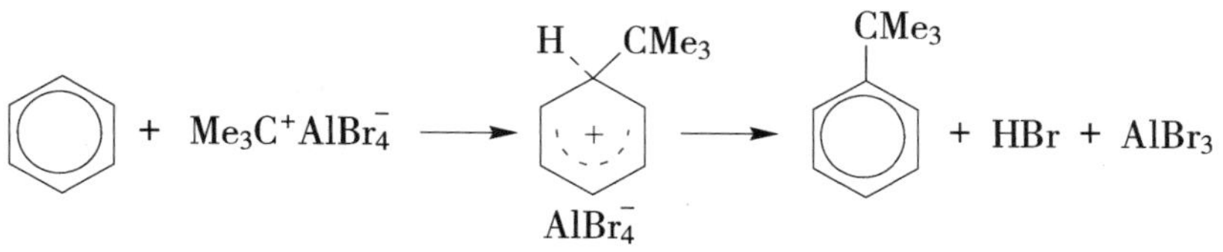

σ 络合物

在其他情况下，进攻的亲电体主要是极化络合物（$\overset{\delta^+}{R}—\overset{\delta^-}{Cl}---FeCl_3$），极化程度随每一情况中所用的 RX 中的 R 和 Lewis 酸而定：

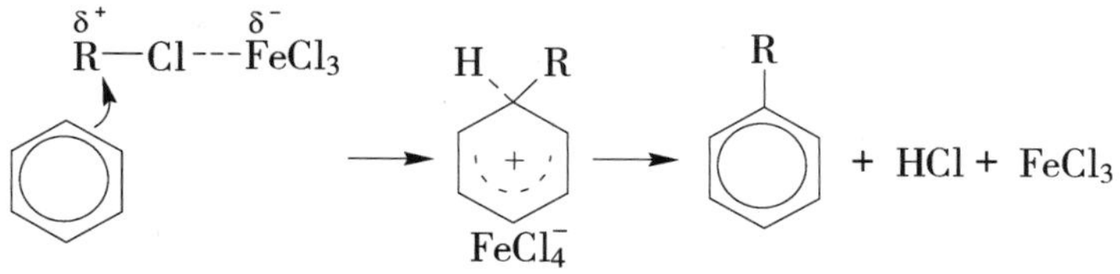

σ 络合物

Lewis 酸作为这类反应的催化剂，其强度次序为：

$$AlCl_3 > FeCl_3 > BF_3 > TiCl_3 > ZnCl_2 > SnCl_4$$

上述芳烃的烃化反应中 σ 络合物的真实性，可以从这类反应中，某些较稳定的 σ 络合物中间体已得到分离而确立起来，例如在低温下的下面 σ 络合物是橘红色的结晶体：

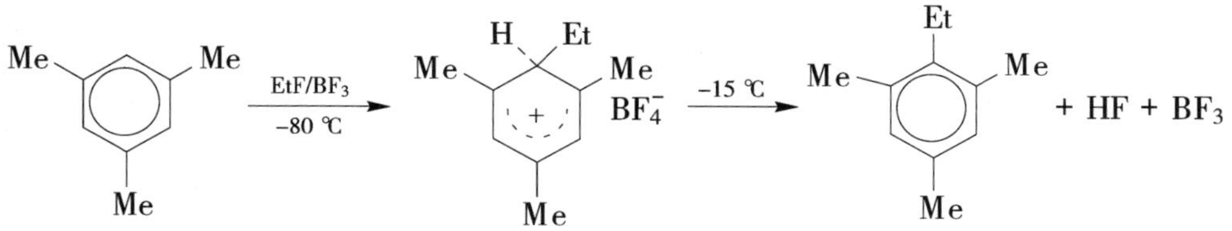

σ 络合物

该络合物于 – 15 ℃ 熔融分解，生成所期望的烃化产物，产率几乎是定量的。

金属卤化物能作为强酸性催化剂，是由于它们能表现出表面酸性，$AlCl_3$、$SbCl_3$、$SnCl_2 \cdot 2H_2O$、$FeCl_3 \cdot 6H_2O$、$ZnCl_2$、$CaCl_2$、$CrCl_3 \cdot xH_2O$、Cu_2Cl_2 与 CaF_2 能吸附指示剂，如甲基红与二甲基黄可使它们产生红色（酸性）。在 $HgCl_2$（180 ~ 200 ℃ 抽空 10 min）、$SnCl_2$（150 ~ 170 ℃ 抽空 12 min）与 $CaCl_2$（180 ~ 270 ℃ 抽空 10 min）的情况下，热处理可使未经处理的物质酸性增高。然而，$AlCl_3$ 的酸度，经 180 ℃ 抽空加热 9 min 开始增加，当进一步在 280 ~ 320 ℃ 加热 4 min 时，其酸度实际上是下降的，这个结果与事实相一致，即当 $AlCl_3$ 含水或完全脱水时，它的异丁烯聚合的催化活性是最小的，而含少量水时催化活性较大[15]。我们也发现，含少量水的 $FeCl_3$ 是强的 Lewis 酸催化剂[13]，这可利用 $NiSO_4 \cdot 7H_2O$（< 31 ℃）加热（150 ~ 300 ℃）成 $NiSO_4 \cdot H_2O$（Ⅰ）再加热（400 ℃）成 $NiSO_4$（Ⅲ）间出现亚稳过渡态结构（Ⅱ）来解释。

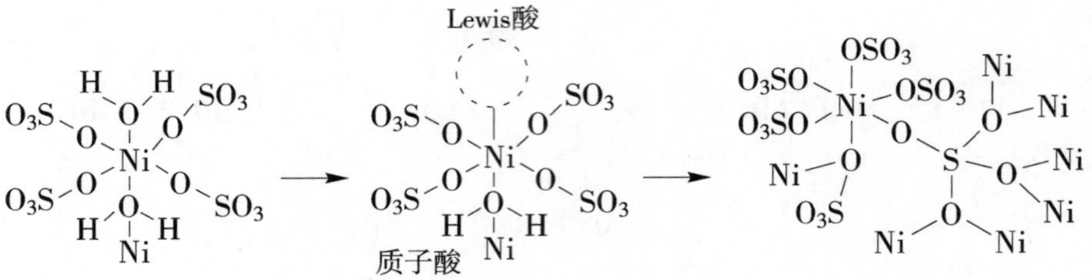

（Ⅰ）　　　　　　　　　　（Ⅱ）　　　　　　　　　　（Ⅲ）

在过渡态中，Ni 是 5 价，并有空的 sp^3d^2 轨道，这个空轨道以及对于电子对产生的亲和性是造成硫酸镍的 Lewis 酸性和它的催化活性的原因[15]。当镍离子在脱水过程中形成空轨道时质子酸首先出现，并且随着脱水温度的升高质子酸量逐步增加。然而，随着热处理温度的升高水合的水量降低，最终会达到一个温度，质子酸度开始下降。Lewis 酸度同样是随着热处理温度的升高而增高，但只有当具有空轨道的亚稳结构（Ⅱ）遭破坏并在更高的温度下转变成稳定的无水结构（Ⅲ）时才开始下降。

在芳烃的 Friedel – Crafts 酰化反应中，跟烃化反应一样，遵循一般的速率定律：

$$速率 = k[ArH][RCOCl][AlCl_3]$$

困难的是这类存在 2 种有效的亲电体，即酰鎓离子和极化络合物：

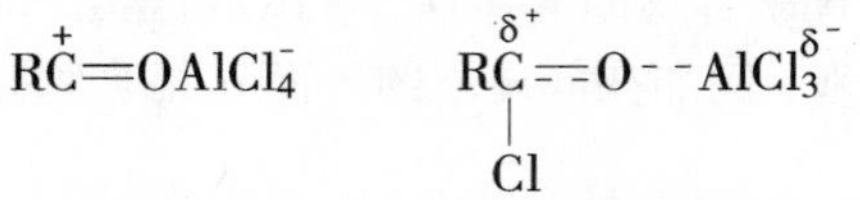

酰鎓离子的存在已从一些固体络合物中，如从 MeCOCl 同 AlCl₃ 所成的液体络合物中（用红外光谱法），从极性溶剂的溶液中和在一些 R 体积特别大的情况下检测到。但在极性较小的溶剂中及其他的环境中，并不能检测到酰鎓离子，因此必然是极化络合物作为亲电剂。至于哪种亲电体参加反应要视反应条件决定。

反应可表示如下：

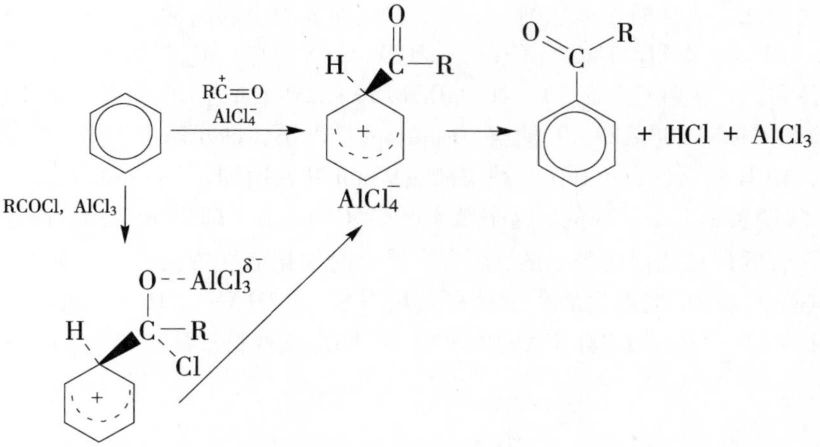

Friedel – Crafts 酰化和烃化的明显差别在于：前者需要 1 mol 以上的 Lewis 酸，而后者则仅需要催化剂量的 Lewis 酸就够了，这是由于 Lewis 酸与生成的酮络合成络合物：

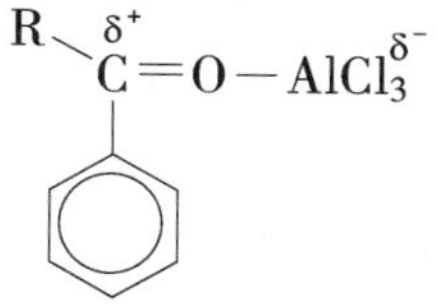

$$R-\overset{\delta^+}{\underset{\text{（苯环）}}{C}}=O-AlCl_3^{\delta^-}$$

从而排除了被络合的 Lewis 酸再度参加反应的可能性。由于产物酮比原来的芳烃更不活泼，因而并不发生多酰化反应，也不会发生烃基的重排反应。

（3）与羰基化合物的作用。

正如芳烃的 Friedel – Crafts 酰化反应一样，羰基化合物中有电子给予体的氧原子，所以能与 Lewis 酸之间形成较牢固和较稳定的络合物。Lewis 酸与羰基化合物的配位作用可降低红外光谱中的 C＝O 伸缩频率，可以在红外光谱图中检测到。例如苯乙酮与下列 Lewis 酸配位则显示出下列典型的位移[16]：

	FeCl$_3$	AlCl$_3$	TiCl$_4$	BF$_3$	ZnCl$_2$	CdCl$_2$	HgCl$_2$
$\Delta\nu_{C=O}$（cm^{-1}）	130	120	118	107	47	38	31

库克（Cook）曾研究过用呫吨酮（xanthone（结构式））来测定 Lewis 酸的强度。呫吨酮不与质子酸反应，而与 Lewis 酸反应，从而引起羰基红外吸收光谱的改变，光谱改变愈大，Lewis 酸的强度愈强。用这个方法测得的质子酸强度顺序如下：

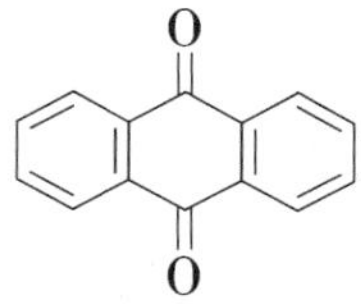

BI$_3$ > BBr$_3$ > SbCl$_5$ > SbF$_5$ > BCl$_3$ > TiBr$_3$ > TiCl$_4$ > ZrCl$_4$ > PF$_5$ > AlBr$_3$ > AlCl$_3$ > FeBr$_3$ > FeCl$_3$ > BF$_3$ > SnBr$_4$ > SnCl$_4$ > InCl$_3$ > BiCl$_3$ > ZnCl$_2$ > HgBr$_2$ > HgCl$_2$ > CoBr$_2$ > CoCl$_2$ > CaCl$_2$ > CdCl$_2$。

乙酸乙酯的红外吸收光谱也可以用于相同的目的[15]。

由于不同的羰基化合物与 Lewis 酸形成的络合物引起红外光谱的位移不一样，强度顺序也不一样，所以我们不能写出一个有关 Lewis 酸碱强度的统一次序[17]。

羰基化合物与 Lewis 酸形成络合物，使羰基的碳原子带部分正电荷，因此使带有电子给予体的醇中的氧原子，易于发生亲核进攻，因而使羧酸能发生酯化反应，酯能发生酯交换反应，醛或酮能生成缩醛或缩酮[16]。

3.2　聚合物固载 Lewis 酸催化剂

3.2.1　概述

酸催化反应是有机合成中最常用的方法之一。常用的酸催化剂有质子酸和 Lewis 酸。质子酸（包括无机酸和有机酸）是一类活性高、成本低廉的催化剂，但工业上要实现连续化生产有困难，而且有些常见的酸，如硫酸不仅有强腐蚀性，而且在反应中还会有强氧化性、脱水性和磺化性能，往往引起副反应的发生。虽 Lewis 酸引起副反应和腐蚀的可能性较小，但在反应体系中往往成一均相体系（有时也呈液液两相），本身又不稳定，存在难以回收和难以与产品分离的缺点。

均相催化剂的固载化是近期催化剂研究的方向之一。将具有催化活性的低分子固载于高分子上可制成固载化催化剂(通常称聚合物催化剂,polymeric catalyst 或高分子催化剂)。具有催化性能的高分子是功能性高分子的重要分支,与一般的低分子催化剂相比,具有以下优点:(1)催化活性高;(2)使用方便,反应后易与反应体系分离;(3)稳定性能良好,能够重复使用;(4)大大地减少对环境的污染。因此,在有机合成中日益受到人们的关注。

聚合物固载 Lewis 酸(polymeric Lewis acid)习惯上称为高分子固载 Lewis 酸,是将 Lewis 酸固载于高分子载体上的一种固体酸催化剂,是高分子金属催化剂中的一种,是利用高分子骨架中的不饱和 π 键配位的金属高分子催化剂[18]。Sket 和 Neckers 等人首先将 BF₃ 和 AlCl₃ 与聚苯乙烯反应制成高分子固载催化剂,并应用于酯化、缩醛和缩酮的合成以及成醚等有机合成中,其具有良好的催化作用[19-20]。

3.2.2 高分子固载 Lewis 酸催化剂的分类[21]

(1)按形成催化剂的 Lewis 酸分类。

a. 三氯化铁型催化剂。

聚苯乙烯 – 三氯化铁复合物(简称 PS – FeCl₃)[22-23]

聚氯乙烯 – 三氯化铁复合物(简称 PVC – FeCl₃)[23-26]

氯化聚氯乙烯 – 三氯化铁复合物(简称 CPVC – FeCl₃)[27-28]

聚芳砜 – 三氯化铁复合物[23]

b. 四氯化钛型催化剂。

聚苯乙烯 – 四氯化钛复合物(简称 PS – TiCl₄)[29]

弱碱性树脂 – 四氯化钛复合物(简称 P₇₀₄ – TiCl₄)[30]

离子交换树脂 – 四氯化钛复合物(简称 IER – TiCl₄)[31]

苯乙烯、甲基丙烯酸甲酯共聚物 – 四氯化钛复合物(简称 PS – MMA – TiCl₄)[32]

聚乙烯基咔唑 – 四氯化钛复合物(简称 PVCZ – TiCl₄)[33]

c. 三氟化硼型催化剂。

聚苯乙烯 – 三氟化硼复合物(简称 PS – BF₃)[19]

d. 三氯化铝型催化剂。

聚苯乙烯 – 三氯化铝复合物(简称 PS – AlCl₃)[21]

离子交换树脂 – 三氯化铝复合物(简称 IER – AlCl₃)[21]

e. 四氯化锡型催化剂。

聚苯乙烯 – 四氯化锡复合物(简称 PS – SnCl₄)[34]

苯乙烯乙烯基吡啶共聚物 – 四氯化锡复合物(简称 PS – Vad – SnCl₄)[35]

苯乙烯、丙烯腈共聚物 – 四氯化锡复合物(简称 PS – AN – SnCl₄)[36]

苯乙烯、甲基丙烯酸甲酯共聚物 – 四氯化锡复合物(简称 PS – MMA – SnCl₄)[37]

f. 离子交换树脂 – 四氯化锡复合物(简称 IER – SnCl₄)[38]。

g. 四氯化镓型催化剂。

聚苯乙烯 – 四氯化镓复合物(简称 PS – GaCl₄)[39]

h. 五氯化锑型催化剂。

聚苯乙烯 – 五氯化锑复合物（简称 PS – SbCl$_5$）[40]

i. 三溴化硼型催化剂。

聚苯乙烯 – 三溴化硼复合物（简称 PS – BBr$_3$）[41]

j. 四氯化锆型催化剂。

聚苯乙烯 – 四氯化锆复合物（简称 PS – ZrCl$_4$）[42]

k. 四氯化碲型催化剂。

聚苯乙烯 – 四氯化碲复合物（简称 PS – TeCl$_4$）[43]

l. 双金属化合物型催化剂。

聚苯乙烯 – 三氯化铝/四氯化钛复合物（简称 PS – AlCl$_3$/TiCl$_4$）[44]

聚苯乙烯 – 三氯化铝/四氯化锡复合物（简称 PS – AlCl$_3$/SnCl$_4$）[45]

聚氯乙烯 – 三氯化铝/硫酸铁复合物（简称 PVC – AlCl$_3$/Fe$_2$(SO$_4$)$_3$）[46]

聚氯乙烯 – 三氯化铝/氯化锌复合物（简称 PVC – AlCl$_3$/ZnCl$_2$）[47]

（2）按高分子载体分类。

a. 聚苯乙烯型催化剂。

b. 聚氯乙烯型催化剂。

c. 氯化聚氯乙烯型催化剂。

d. 聚芳砜型催化剂。

e. 离子交换树脂和弱碱树脂型催化剂。

f. 复合共聚物型催化剂。

苯乙烯 – 丙烯腈共聚物型催化剂

苯乙烯 – 甲基丙烯酸甲酯共聚物型催化剂

苯乙烯 – 乙烯吡啶共聚物型催化剂

3.2.3　高分子固载 Lewis 酸催化剂在有机合成中的应用

（1）催化酯化反应。

冉瑞成等利用聚苯乙烯型催化剂对催化乙酸、丙酸和苯甲酸与正丁醇的酯化反应进行了系统的研究。

$$R—COOH + n – C_4H_9OH \xrightarrow[\text{回流分水}]{\text{Cat. 苯}} R—COOC_4H_9 – n + H_2O$$

其中 R = —CH$_3$、—C$_2$H$_5$ 和—C$_6$H$_5$。发现此系列催化剂催化此类反应均有效。同时，乙酸和丙酸的酯化效果比苯甲酸好，有些催化剂对脂肪酸的酯化可定量地进行，而且多组分复合催化剂的效果优于单组分催化剂，现以催化合成乙酸正丁酯（酸醇物质的量比为 1∶2）为例，结果列于表 3 – 2 中。

表 3 - 2　聚苯乙烯型催化剂催化合成乙酸正丁酯

催化剂	反应时间/h	得率/%（色谱法）	催化剂	反应时间/h	得率/%（色谱法）
PS	4	7	PS – AlCl$_3$/TiCl$_4$	2	99
PS – AlCl$_3$	24	30	PS – AN – SnCl$_4$	2	100
PS – SnCl$_4$	4	74	PS – MMA – SnCl$_4$	2	97
PS – TiCl$_4$	2	53	PS – MMA – TiCl$_4$	2	100
PS – AlCl$_3$/SnCl$_4$	2	100			

　　刘福安等利用 PS – FeCl$_3$ 催化 C$_2$ ~ C$_6$ 脂肪酸和环氧丙烷或环氧氯丙烷（酸烷物质的量比 1∶1.2）进行加成酯化反应[23]：

$$RCOOH + \underset{X}{\overset{}{H_2C}}—\overset{}{CH}—\underset{O}{\overset{}{CH_2}} \xrightarrow[\text{3 h}]{\text{加热}} RCOOCH_2—\overset{H}{\underset{OH}{C}}—\underset{X}{CH_2}$$

其中 R ＝—CH$_3$、—C$_2$H$_5$、—CH$_2$CH$_2$CH$_3$、—CH(CH$_3$)$_2$、—CH$_2$CH$_2$CH$_2$CH$_3$、—CH$_2$CH(CH$_3$)$_2$、—CH$_2$CH$_2$CH$_2$CH$_2$CH$_3$；X ＝—H、—Cl。均得到较好结果，收率 61% ~ 93%（蒸馏法）。

　　刘福安等还利用 PVC – AlCl$_3$/Fe$_2$(SO$_4$)$_3$ 对 C$_2$ ~ C$_{10}$ 脂肪酸上环氧丙烷或环氧氯丙烷的加成酯化反应进行过研究[46]，收率均在 30% 以上，同时随羧酸相对分子质量的下降，收率提高（最高达 90%）。

　　俞善信等利用 PVC – FeCl$_3$ 和 CPVC – FeCl$_3$ 研究了催化乙酸、丙酸、丁酸和肉桂酸分别与 C$_1$ ~ C$_5$ 的 7 种醇的酯化反应[24 - 28]：

$$RCOOH + R'OH \xrightarrow[\text{回流分水}]{\text{Cat.}} RCOOR' + H_2O$$

其中 R ＝—CH$_3$，—C$_2$H$_5$，—CH$_2$CH$_2$CH$_3$；R' ＝—C$_3$H$_7$，—C$_4$H$_9$，—C$_5$H$_{11}$。发现在酯化过程中有 11 种酯的收率良好，在等物质的量反应时，其收率（蒸馏法）一般均在 78% 以上。

　　刘福安等发现 PVC – AlCl$_3$/ZnCl$_2$ 对脂肪族二元羧酸乙酯化也有较好的催化活性[47]：

$$(CH_2)_n(COOH)_2 + 2C_2H_5OH \xrightarrow{\text{Cat.}} (CH_2)_n(COOC_2H_5)_2 + 2H_2O$$

其中 n ＝ 0，1，2，3，4，草酸二乙酯收率达 80%。俞善信研究了 PVC – FeCl$_3$ 和 CPVC – FeCl$_3$ 在合成草酸二乙酯与氯乙酸乙酯中的应用[48]。

$$ClCH_2COOH + C_2H_5OH \xrightarrow[\text{环己烷，回流分水}]{\text{Cat.}} ClCH_2COOC_2H_5 + H_2O$$

该反应收率达 75.4%（蒸馏法）。将乳酸（0.20 mol）与正丁醇（0.60 mol）在 CPVC – FeCl$_3$ 作用下回流分水 2.0 h 可制得乳酸正丁酯（蒸馏法），收率达 76.5%[49]。

$$H_3C—\overset{H}{\underset{OH}{C}}—COOH + n - C_4H_9OH \xrightarrow[\text{回流分水}]{\text{Cat.}} H_3C—\overset{}{\underset{OH}{CH}}—COOC_4H_9 - n + H_2O$$

　　李鹏飞等利用 IER · AlCl$_3$ 催化合成顺丁烯二酸二丁酯，得率达 95%（色谱法）[21]：

$$\text{（马来酸酐）} + 2n - C_4H_9OH \xrightarrow{\text{IER} \cdot AlCl_3} \begin{array}{l} HC\text{---}COOC_4H_9 - n \\ \parallel \\ HC\text{---}COOC_4H_9 - n \end{array} + H_2O$$

由上述可以看出，高分子 Lewis 酸催化剂在酯化反应中的应用广，催化效果好，不仅收率高，而且反应时间大大缩短，也为高分子的应用开辟了新的途径。

（2）催化酯交换反应。

俞善信等利用 CPVC – FeCl$_3$ 和 PVC – FeCl$_3$ 催化，将乙酸乙酯（1.0 mol）与正丁酯（0.5 mol）回流 4 h 分馏得出乙酸正丁酯，收率为 45% ~ 60%。

$$CH_3COOC_2H_5 + n - C_4H_9OH \xrightarrow[\text{回流}]{\text{Cat.}} CH_3COOC_4H_9 - n + C_2H_5OH$$

同样条件下，催化苯甲酸乙酯与正丁醇反应可得苯甲酸正丁酯，收率为 30%。

（3）催化缩醛的生成。

聚苯乙烯型催化剂对下面缩醛的形成具有明显的催化效果：

$$RC_6H_4CHO + 2n - C_4H_9OH \xrightarrow[\text{回流分水}]{\text{Cat.苯}} RC_6H_4CH(OC_4H_9 - n)_2 + H_2O$$

这里 R = —H、—OH、—NO$_2$、—Cl、—Br、—F。同样，复合型催化剂的效果更好（表 3 – 3）。

表 3 – 3　聚苯乙烯型催化剂催化合成苯甲醛缩二正丁醇

催化剂	n（醛）：n（醇）	反应时间/h	得率/%（色谱法）
—	1∶5	2	0
PS	1∶5	2	8
PS – AlCl$_3$	1∶5	2.5	21
PS – SnCl$_4$	1∶5	4	67
PS – TiCl$_4$	1∶5	2	62
PS – AlCl$_3$/TiCl$_4$	1∶2	2	81
PS – MMA – TiCl$_4$	1∶2	2	90

当 R = p – NO$_2$ 或 p – Cl 时，使用 PS – MMA – TiCl$_4$，得率达 100%。

采用 PVC – FeCl$_3$ 和 CPVC – FeCl$_3$ 催化正丁醛和苯甲醛（0.20 mol）与乙二醇或 1，2 – 丙二醇（0.30 mol）反应（在环己烷存在下回流分水），也得到良好的效果（表 3 – 4）。

表 3 – 4　PVC – FeCl$_3$ 和 CPVC – FeCl$_3$ 催化缩醛反应

产物	PVC – FeCl$_3$	CPVC – FeCl$_3$
正丁醛乙二醇缩醛	84.0	52.0
正丁醛 1，2 – 丙二醇缩醛	80.0	49.0
苯甲醛乙二醇缩醛	78.0	59.7

（4）催化缩酮的生成。

高分子 Lewis 酸催化环酮与 α - 二醇的缩合反应也十分明显。

$$(CH_2)_n \diagdown C{=}O + H_2C{-}CH{-}R \xrightarrow[\text{回流分水}]{\text{Cat. 苯}} (CH_2)_n \diagdown \diagup \begin{smallmatrix} O \\ O \end{smallmatrix} \diagdown CH{-}R + H_2O$$

这里 $n = 1, 2, 3$；$R = $ —H，—CH_3。催化剂可以是聚苯乙烯型催化剂、聚氯乙烯型催化剂、氯化聚氯乙烯型催化剂，或是离子交换树脂型催化剂，对本反应均有明显的催化效果，有些催化剂如 $PS - FeCl_3$、$PS - TiCl_4$、$PS - AlCl_3/TiCl_4$、$PS - BBr_3$、$PS - MMA - TiCl_4$ 和 $P_{704} - TiCl_4$ 等特别有效，产品得率在 85% 以上，生成的缩酮得率与 n 值有关，根据环酮的大小一般为：六元环 > 五元环 > 七元环。这类催化剂为螺环化合物的合成提供了一种新的方法。

（5）催化成醚反应。

将二苯甲醇或三苯甲醇在苯中加入高分子 Lewis 酸催化剂，回流分水 2.0 h，从分出水量可以判断反应的发生：

$$2(C_6H_5)_2CHOH \xrightarrow[\text{回流分水}]{\text{Cat. 苯}} (C_6H_5)_2CHOCH(C_6H_5)_2 + H_2O$$

$$2(C_6H_5)_3COH \xrightarrow[\text{回流分水}]{\text{Cat. 苯}} (C_6H_5)_3COC(C_6H_5)_3 + H_2O$$

能够使用的催化剂有：$PS - FeCl_3$、$PS - TiCl_4$、$PS - GaCl_3$、$PS - SnCl_4$、$P_{704} - TiCl_4$、$PVC - FeCl_3$ 和 $CPVC - FeCl_3$ 等，产品收率一般为 15% ~ 25%。

（6）催化傅瑞德—克拉夫斯烷基化反应。

傅瑞德—克拉夫斯（Friedel - Crafts）烷基化反应通常是在无水 $AlCl_3$ 或无水 $FeCl_3$ 等 Lewis 酸催化下进行的。利用高分子 Lewis 酸催化剂也可发生下列反应：

$$C_6H_5{-}OCH_3 + C_2H_5Br \xrightarrow[\text{回流}]{\text{Cat.}} C_2H_5{-}C_6H_4{-}OCH_3 + \text{（邻位 } C_2H_5, OCH_3 \text{ 产物）}$$

在 $PS - BBr_3$ 催化剂下，两者总收率达 68%，用 $PS - ZrCl_4$ 时为 60%，$PS - AlCl_3/SnCl_4$ 时为 40%，$PS - FeCl_3$ 时为 26%。

$$\text{（邻 } OCH_3 \text{ 苯）} + C_2H_5Br \xrightarrow[\text{回流}]{\text{Cat.}} \text{（二 } OCH_3, C_2H_5 \text{ 产物）} + \text{（二 } OCH_3, C_2H_5 \text{ 产物）}$$

利用 $PS - BBr_3$ 催化，两者总收率为 27%，利用 $PS - FeCl_3$ 时为 41%，用 $PS - AlCl_3/SnCl_4$ 时为 51%，用 $PS - ZrCl_4$ 时为 53%。

（7）催化片呐醇重排反应。

将苯片呐醇溶于甲苯中，在 $PVC - FeCl_3$ 或 $CPVC - FeCl_3$ 作用下回流 4 ~ 5 h，可生成苯基片呐酮：

$$C_6H_5{-}\underset{OH}{\overset{C_6H_5}{C}}{-}\underset{OH}{\overset{C_6H_5}{C}}{-}C_6H_5 \xrightarrow[\text{甲苯回流}]{\text{Cat.}} C_6H_5{-}\underset{H_5C_6}{\overset{C_6H_5}{C}}{-}\underset{O}{\overset{}{C}}{-}C_6H_5 + H_2O$$

利用 PVC – FeCl$_3$ 收率达 75%，用 CPVC – FeCl$_3$ 时收率为 51.4%。

（8）催化剂稳定性实验。

高分子催化剂的 1 个显著特点是良好的稳定性和能够重复使用的性能，这是质子酸和 Lewis 酸无法比拟的。表 3 – 5 和表 3 – 6 列出部分高分子 Lewis 酸重复催化的结果。

表 3 – 5　高分子 Lewis 酸重复催化合成丙酸正丁酯的收率（%）

催化剂	1	2	3	4	5	6
PS – SnCl$_4$	100	51	14	4		
PS – AN – SnCl$_4$	86	84	82	70	64	61
PS – MMA – SnCl$_4$	84	76	75	72	71	66

表 3 – 6　高分子 Lewis 酸重复催化合成环己酮乙二醇缩酮的收率（%）

催化剂	1	2	3	4	5	6
PS – SnCl$_4$	100	55	20	10		
PS – AN – SnCl$_4$	100	100	100	97	75	72
PS – MMA – SnCl$_4$	100	100	100	100	95	77
PS – AlCl$_3$/SnCl$_4$	100	100	100	100	100	100

由此可以看出，这类催化剂，特别是多组分复合的高分子 Lewis 酸催化剂，不仅使产品收率提高，而且可重复使用多次，收率的下降很慢，说明其稳定性很强。

3.2.4　高分子固载 Lewis 酸催化剂的检测手段和制备原理

高分子固载 Lewis 酸催化剂包含高分子载体和 Lewis 酸两个组分，因此检测内容应该是它们的组分含量及其结合方式的证明，具体要求为：

（1）测定高分子载体 Lewis 酸催化剂中 Lewis 酸的含量以便确定催化剂中 Lewis 酸的百分率。

（2）利用酸度计测定高分子载体 Lewis 酸催化剂在丙酮水溶液中 pH 随时间的变化，确定复合物中 Lewis 酸的存在并经丙酮水溶液洗脱后到一定时间 pH 接近平衡，说明复合物催化剂相当稳定，进一步洗脱比较困难。

（3）利用紫外可见光谱和红外光谱中新吸收峰的出现或吸收峰的位移，证明 Lewis 酸与高分子载体发生某一种形式的络合或结合。

根据以上检测手段，人们必须选择具有给电子的基团或结构的高分子链，或者经制备后具有上述高分子链结构，才具备与 Lewis 酸中金属原子的 p 或 d 空轨道形成配合物的条件，从而制成较稳定的复合物。聚苯乙烯由于高分子链上具有苯环，能与 Lewis 酸形成较强的 π→p 络合物，所以常用作制备此类催化剂的载体。不同 Lewis 酸能够形成的 π→p 络合物的情况不同，因而不同高分子载体 Lewis 酸的稳定性和催化活性存在差异。例如聚苯乙烯型催化剂对于催化合成乙酸正丁酯和苯甲醛缩正丁醇具有下列关系：

表 3 - 7　聚苯乙烯型催化剂催化合成乙酸正丁酯和苯甲醛缩正丁醇的收率

催化剂	PS - BBr$_3$	PS - TeCl$_4$	PS - FeCl$_3$	PS - SnCl$_4$	PS - BF$_3$
乙酸正丁酯收率/%	100	95	88	74	66
苯甲醛缩正丁醇收率/%	42	57	62	67	69

双组分的复合催化剂（PS - AlCl$_3$/TiCl$_4$）除形成 C$_6$H$_6$·Lewis 酸复合物光谱吸收峰外，还可能存在 2 种卤化物的相互作用，以原子簇的形式（如 ）与聚合物中相同或不同的分子链上的大量苯环形成更为稳定的复合物。这已被红外光谱及其催化性能证实（表 3 - 2、表 3 - 3、表 3 - 6）。

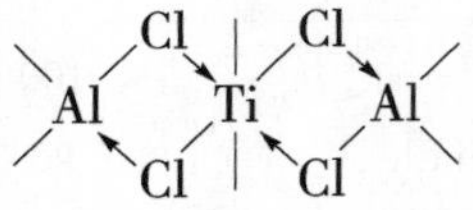

在 PS - MMA - TiCl$_4$ 中，不仅可以形成 C$_6$H$_6$·TiCl$_4$ 复合物，而且乙酰乙酸乙酯中羰基氧的未共用电子对可与 Ti 形成 n→d 配合物，因而这类催化剂的稳定性增加，活性增强。在 IER - TiCl$_4$ 复合物中可能磺酸基氧原子上未共用电子对与钛的 d 轨道形成 n→d 配合物：

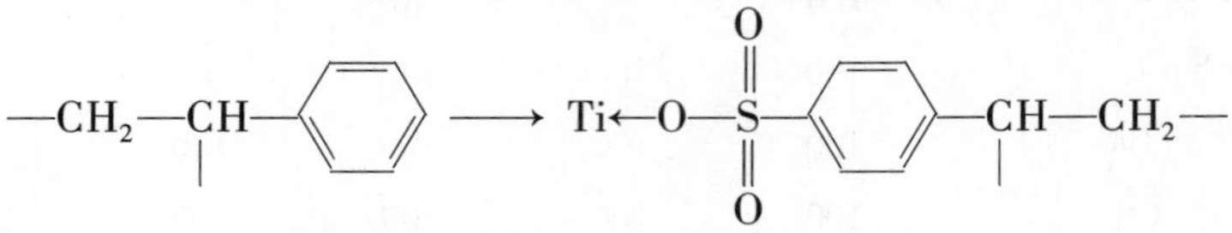

配合物的形成与疏水的交联高分子链的保护作用，使易水解的 TiCl$_4$ 趋于稳定。P$_{704}$ - TiCl$_4$ 复合物中由于苯环上—NH$_2$、—NH—与 Ti 形成 1∶1 的 5 配位络合物和少量 1∶2 的 6 配位络合物而稳定，结构为

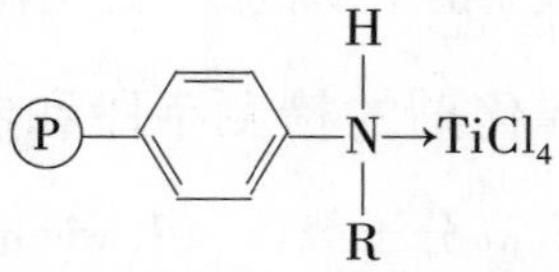

在 CPVC - FeCl$_3$ 中，由于在烘干过程中发生脱 HCl 反应形成 C＝C，利于 C＝C 与 Fe^{3+} 形成络合物。

复合络合物的形成强弱表现在红外光谱中位移的多少，有些高分子载体 Lewis 酸催化剂的光谱中位移不大，则属于高分子链空隙网络经溶胀后对 Lewis 酸包藏保护作用而使其稳定，不易水解。由于络合较弱，属于高分子保护型 Lewis 酸催化剂，这类催化剂反应后易脱下 Lewis 酸，如 PS - SnCl$_4$，因而 Lewis 酸流失严重，催化活性很快下降。为防止 Lewis 酸的流失，可合成并使用一系列含有强配位原子（N、O）的单体与苯乙烯的共聚物为载体。含 N、O 原子的电负性单体有丙烯腈（AN）、甲基丙烯酸甲酯（MMA）、乙烯基咔唑（VCZ）、乙烯基吡啶（Vad）等，它们难以与苯乙烯的共聚交联小球发生反应，形成极性不同的配位络合物，例如：PS - AN - SnCl$_4$、PS - MMA - SnCl$_4$、PS - Vad - SnCl$_4$，稳定性很好，重复使用性能大大改善（表 3 - 5、表 3 - 6）。

3.2.5　高分子固载 Lewis 酸催化剂的一般制备方法

高分子固载 Lewis 酸催化剂包括高分子载体和 Lewis 酸两个组分，制备时通常高分子载体用有机溶剂溶胀，再加入一定量的 Lewis 酸，搅拌或静置一定时间让其反应，然后冷却、过滤，用一定溶剂洗涤、烘干或真空干燥，产物为深色的复合物，密封保存。

3.3　聚合物固载 Lewis 酸催化剂的制备及应用

3.3.1　概述

高聚物固载的 Lewis 酸催化剂，可以改善和提高 Lewis 酸的保存和使用性能，而且可以随人们的需要设计、选择一定组成和结构的高聚物为载体，同时这类催化剂制备简单、使用方便、成本低廉、易从反应体系中分离、不污染环境、便于回收和重复使用，是一类有望用于生产实际的新型高分子催化剂。

为了便于认识和提高这类催化剂的使用价值，本章作为普及知识，介绍两类聚合物固载 Lewis 酸催化剂的制备方法及在有机合成中的应用实例。关于各类聚合物 Lewis 酸催化剂的制备及应用，在本章所引用的相关文献中均有介绍。

3.3.2　聚苯乙烯 – 氯化物的制备及应用

（1）概述。

聚苯乙烯由于高分子链上具有苯环，能与 Lewis 酸形成较强的 π→p 络合物。不同的 Lewis 酸能够形成的 π→p 络合物的情况不同，因而表现在制成催化剂的稳定性及活性上的差异。

聚苯乙烯 – Lewis 酸催化剂的生成可以利用紫外光谱和红外光谱来鉴定。这种分子复合物的紫外光谱会在 400～460 nm 处出现 1～2 个新吸收峰；复合物与聚苯乙烯的红外吸收光谱也会在 1 500～1 700 cm^{-1} 和 400～800 cm^{-1} 出现差异。

（2）主要检测仪器及试剂。

a. 主要检测仪器：

氧燃烧瓶、酸度计、紫外可见分光光度计、红外光谱仪、气相色谱仪。

b. 试剂：

4% 二乙烯苯交联的聚苯乙烯树脂：各有关树脂厂有售，粒径 270～1 000 μm；其他试剂用市售的化学纯或分析试剂均可。

（3）复合物的制备。

a. PS – FeCl$_3$ 的制备[50]：取 20 g PS 白球(含二乙烯基苯 4%，粒度 270～1 000 μm)，用 60 mL 氯仿溶胀，加入 6 g 无水 FeCl$_3$，室温下搅拌反应 4.0 h，树脂变为暗绿色，过滤，用氯仿洗涤 5 次，再用乙醚洗涤 2 次，树脂小球变为黄绿色，真空干燥至恒重。

b. PS – TiCl$_4$ 的制备[51]：在密闭容器用 CS$_2$ 溶胀后的聚苯乙烯白球(含二烯基苯 4%，粒度 270～1 000 μm)，与过量的 TiCl$_4$ 在室温下反应 72 h，树脂呈深棕红色，过滤，用 CCl$_4$ 洗涤 2 次，然后将树脂小球倒入大量冰水中以分解未反应的 TiCl$_4$，再用丙酮、乙醚、异丙醇依次洗涤 2 次，抽干。复合物小球为浅黄至浅棕色，真空干燥到恒重。

（4）复合量的测定。

参考文献[52]，用氧瓶燃烧法分解样品，硝酸汞络合滴定法测定复合物中含氯量，再计算 1 g 复合物小球中氯化物的含量。

（5）水解酸性的测定。

在恒温（20 ℃或 25 ℃）下用酸度计测定复合物小球在丙酮水溶液中（60% ~80%）的 pH 随时间的变化，可以确证复合物中 Lewis 酸的存在，经溶剂洗脱水解而使水溶液呈酸性，一定时间后达到平衡值，达到平衡的时间越长，说明复合物越稳定，较难于水解。

（6）紫外及红外光谱分析。

将复合物及其参比物（PS 树脂、Lewis 酸）进行紫外吸收光谱和红外吸收光谱分析，分析紫外光谱中在 400 ~460 nm 处是否出现新吸收峰，以及红外光谱中的 1 500 ~1 700 cm^{-1} 和 400 ~800 cm^{-1} 处光谱的差异性。

（7）催化性能实验[40]。

a. 催化酯化反应。

$$R—COOH + n - C_4H_9OH \xrightarrow[\text{回流分水}]{\text{Cat. 苯}} R—COOC_4H_9 - n + H_2O$$

将 0.1 mol 酸（乙酸、丙酸、苯甲酸）、0.2 mol 正丁醇和 1.0 g 催化剂小球在 60 mL 苯中回流反应 2.0 h，以氯苯为内标，由气相色谱法测定酯的得率。

b. 催化缩醛反应。

将 0.05 ~0.1 mol 苯甲醛或取代苯甲醛、0.2 ~0.4 mol 正丁醇和 1.0 g 催化剂小球在 60 mL 苯中回流反应 2.0 h，以乙酸正丁酯为内标，由气相色谱法测定缩醛的得率。

c. 催化缩酮反应。

将 0.1 mol 环戊酮或环己酮、0.1 mol 乙二醇或 1, 2 - 丙二醇、60 mL 苯与 1.0 g 催化剂在反应器中回流反应 2 h，以氯苯为内标，由气相色谱法测定缩酮得率。

d. 催化成醚反应。

$$2(C_6H_5)_2CHOH \xrightarrow[\text{回流分水}]{\text{Cat. 苯}} (C_6H_5)_2CHOCH(C_6H_5)_2 + H_2O$$

将 0.1 mol 二苯甲醇、1.0 g 催化剂小球与 60 mL 苯在反应器中回流分水 2.0 h，由分水量计算得率。

e. 催化傅氏烷基化反应。

将 0.1 mol 乙氧基苯、0.2 mol 溴乙烷和 1.0 g 催化剂与 60 mL 苯在反应器中回流反应 2.0 h，以乙酸正丁酯为内标，由气相色谱法测定总得率。

f. 催化剂的重复使用。

可以选用酯化或缩酮反应等，将每次反应后的催化剂分离出来，经干燥后用于下一次实验，测定催化剂的稳定性。

（8）注释。

a. 本实验中催化剂的制备反应及各项检测方法、催化性能实验均适合于其他聚苯乙烯型催化剂，例如 PS－SnCl$_4$、PS－SbCl$_5$、PS－ZrCl$_4$、PS－TeCl$_4$、PS－GaCl$_4$ 等。

b. 催化剂的复合量、水解酸性及紫外、红外光谱，可以根据实验室的条件进行测定。

3.3.3　聚氯乙烯－三氯化铁及氯化聚氯乙烯－三氯化铁的制备及应用

（1）制备原理。

聚氯乙烯（polyvinyl chloride，PVC）—CH$_2$—CHCl—_n和氯化聚氯乙烯（chlorinated polyvinyl chloride，CPVC）—CH$_2$—CHClCHClCHClCH$_2$CHCl$\text{—}_{n/3}$是常见的高聚物，它们的红外光谱特征是碳链上的氯原子产生的，在 600～800 cm^{-1}有 C—Cl 的中强宽伸缩振动谱带，它们的最强谱带位于 1 250 cm^{-1}，在 1 340 cm^{-1}有一条较强谱带，都属于 C—H 的弯曲振动，由于受同一碳原子上氯原子的影响，其吸收强度大大增加。在 1 430 cm^{-1}是受相邻氯原子影响的 CH$_2$ 变形振动（和正常的 CH$_2$ 变形振动频率 1 475 cm^{-1}相比下降近 50 cm^{-1}），同时强度增加[53]。若与 FeCl$_3$ 形成复合物，则在红外吸收谱带上发生改变。实验证明，CPVC 中由于含氯原子较多，经制备成 CPVC－FeCl$_3$ 催化剂后，其红外谱中的 600～800 cm^{-1}的宽谱带向 400～700 cm^{-1}移动并减弱，其余的谱带也大大减弱或消失，在 1 605～1 630 cm^{-1}出现中等的宽谱带，说明有 C＝C、C＝C—C＝C 或 C＝C—Cl 存在，有利于与 FeCl$_3$ 形成复合物[27]；而制成的 PVC－FeCl$_3$ 红外谱图中，各吸收谱带的位置未发生大的改变，可以认为 PVC 与 FeCl$_3$ 之间的络合作用不明显，表明 PVC 只对 FeCl$_3$ 起包裹作用，属于高分子保护的复合 Lewis 酸催化剂[26]。

（2）主要检测仪器及试剂。

a. 主要检测仪器：

酸度计、红外光谱仪、熔点测定仪、紫外可见分光光度计。

b. 试剂：

聚氯乙烯粉末及氯化聚乙烯颗粒：工艺品、市场有售；其他试剂可以利用市售的化学纯或分析纯试剂，也可以自己合成。

（3）催化剂的制备。

a. PVC－FeCl$_3$ 的制备[26]。

取 5.0 g PVC 粉末与 5.0 g FeCl$_3$·6H$_2$O 混合，加入溶剂环己烷，控制水浴温度 20～40 ℃（中间逐步升温）快速搅拌 2～3 h，至环己烷溶液完全清亮，PVC 变黄并黏附于瓶壁，已无液态 FeCl$_3$·6H$_2$O 存在，在快速搅拌下逐步冷却，倾出溶剂环己烷，反应瓶置烘箱内烘干，120 ℃以上产物逐渐变黑，120～140 ℃烘至产物变黑，成疏松状黑色小颗粒，易于脱落，得 7.0～7.5 g 产物，密封保存。

b. CPVC－FeCl$_3$ 的制备。

取 5.0 g 小颗粒状 CPVC 与 5.0 g FeCl$_3$·6H$_2$O 混合，加入溶剂环己烷，将反应瓶置 40 ℃水浴中，回流搅拌，在 3.5～4.0 h 强力搅拌下逐步使水浴上升至 70 ℃（不可以高于 75 ℃，也不能升温过快），直到无三氯化铁固体析出为止。过滤，可回收环己烷（应无色透明），抽干得黄色固体，晾干，再在 120～130 ℃烘 2 h（烘干温度不可过高，太久）得黑色小颗粒，得

$6.0 \sim 6.7$ g 产物，密封保存。

（4）复合量的测定。

用浓硝酸和高氯酸的混合酸在高温下分解样品，再用稀盐酸溶解过滤，参照文献[54]用邻二氮菲分光度法测定铁。

（5）水解酸性的测定。

测定方法参考前一类催化剂的制备中有关的部分。

（6）红外光谱分析。

将所制催化剂与其参比物进行红外光谱分析，分析吸收谱带的位移、强度是否发生变化，以及是否出现新的吸收峰，而证实其结合方式。

（7）催化性能实验[25-27]。

a. 催化酯化反应。

$$RCOOH + R'OH \xrightarrow[\text{回流分水}]{\text{Cat.}} RCOOR' + H_2O$$

将 0.50 mol 羧酸、0.5 mol 醇和 1.5 g 催化剂一起回流分水，直至无水层分出为止，将反应液进行蒸馏，收集一定沸程的酯馏分。前馏分经干燥后再蒸馏 1 次，得无色透明的液体。

适用于本反应的羧酸有乙酸、丙酸和丁酸；醇有正丙醇、正丁醇、正戊醇、异戊醇和 2 - 戊醇。

b. 催化酯交换反应。

$$CH_3COOC_2H_5 + n - C_4H_9OH \xrightleftharpoons[\text{回流}]{\text{Cat.}} CH_3COOC_4H_9 - n + C_2H_5OH$$

将 1.0 mol 乙酸乙酯、0.5 mol 正丁醇和 1.5 g 催化剂一起回流 4 h，冷却后过滤去催化剂，通过韦氏分馏柱进行分馏，收集 $122 \sim 127$ ℃ 的馏分，乙酸正丁酯，收率为 $40\% \sim 60\%$。

c. 催化缩醛(酮)的合成。

将 0.20 mol 醛(或酮)与 0.30 mol 乙二醇或 1, 2 - 丙二醇混合，用环己烷或苯为带水剂，在 0.5 g 催化剂作用下回流分水，反应后分离出反应液进行蒸馏，按产品的沸程收集产品。

能用于本反应的醛、酮有丁醛、苯甲醛、环戊酮和环己酮等。

d. 催化成醚反应。

$$2(C_6H_5)_2CHOH \xrightarrow[\text{回流分水}]{\text{Cat. 环己烷}} (C_6H_5)_2CHOCH(C_6H_5)_2 + H_2O$$

将 0.01 mol 二苯甲醇(或三苯甲醇)、1.5 g 催化剂和 50 mL 环己烷一起回流分水，从分水情况计算成醚的得率。

e. 催化片呐醇重排反应。

将 3.0 ~ 5.0 g 四苯基片呐醇，1.5 g 催化剂和 15 mL 甲苯一起回流 4 ~ 5 h，趁热过滤除去催化剂，滤液冷却析出白色固体，过滤得白色固体，在空气中晾干，称质量，计算收率并测定熔点。

f. 催化剂的重复使用。

选用前面的某一个酯化或缩醛(酮)的合成反应，将每次反应后的催化剂分离出来，可以不经任何处理用于下一次反应中，连续重复使用多次，检验其稳定性。

(8)注释。

①本催化剂的活性关键在于催化剂的制备。制备过程中应注意：a. 浴温必须严格控制，浴温过低，FeCl₃ 难于吸附在载体上，浴温过高会引起高分子的溶解；b. 搅拌速度不能太慢，必须 700 r/min 以上，转速太低不利于 FeCl₃ 的分散吸附，必须到搅拌后无 FeCl₃ 液层分出，溶剂透明无色为止；c. 控制好烘干的温度与时间，温度过低催化效果欠佳，温度过高会引起高分子的分解。

②催化剂各项指标的测定可根据实验室条件进行。

③进行催化性能实验前，可利用化学手册，预先查好有关反应物或产物的物理常数。

参考文献

[1]向德辉，翁玉攀，李庆水，等.固体催化剂[M].北京：化学工业出版社，1983：9.

[2]张承宏，潘家理.化学反应的酸碱理论[M].上海：上海科技出版社，1983：58.

[3]文瑞明，游沛清，俞善信.合成环己酮乙二醇缩酮的催化剂研究进展[J].化工进展，2007，26(11)：1587 - 1595.

[4]文瑞明，刘长辉，游沛清，等.合成氯乙酸异丙酯催化剂的研究进展[J].湖南城市学院学报(自然科学版)，2009，18(4)：33 - 38.

[5]俞善信，文瑞明.六水三氯化铁在有机实验中的应用[J].安徽教育学院学报，2002，20(3)：38 - 40.

[6]文瑞明，罗新湘，汤青云，等.无机固体酸催化合成乙酸乙酯[J].化学教育，2002(9)：40 - 41.

[7]文瑞明，罗新湘，俞善信.硫酸铁铵催化合成肉桂酸酯[J].合成化学，2001，9(3)：269 - 271.

[8]俞善信，管仕斌，文瑞明.十二水合硫酸铁铵在有机合成中的应用[J].湖南文理学院学报(自然科学版)，2005，17(1)：27 - 30.

[9]文瑞明，游沛清，罗新湘，等.四氯化锡催化合成己二酸二丁酯[J].合成化学，2003，11(2)：183 - 185.

[10]俞善信，文瑞明，龙立平.四氯化锡催化合成马来酸二异戊酯[J].常德师范学院学报(自然科学版)，2003，15(2)：22 - 23.

[11]俞善信，文瑞明.四氯化锡催化合成肉桂酸甲酯[J].精细石油化工进展，2003，4(3)：26 - 27.

[12]李旺英，俞善信，文瑞明.四氯化锡催化合成癸二酸二丁酯[J].广州化学，2003，28(3)：27 - 29，57.

[13]俞善信.氯化铁的催化活性及其机理的探讨[J].化学试剂，1994，16(5)：257 - 260.

[14]赛克斯.有机化学反应机理指南[M].王世椿，译.北京：科技出版社，1983：148 - 166.

[15]田部浩三.固体酸碱及其催化性质[M].赵君生，张嘉郁，译.北京：化学工业出版社，1979：28 - 29，91，95.

[16]何子乐.有机化学中的硬软酸碱原理[M].北京：科学出版社，1987：10.

[17]沈宏康.有机酸碱[M].北京：高等教育出版社，1984：152.

[18]李彦锋.高分子金属催化剂的合成及性能研究[J].高分子通报，1989 (3)：12.

[19]Sket B, Zupan M. Polymer-supported boron trifluoride [J]. Journal of Macromolecular Science：Part A-

Chemistry, 1983, 19(5): 643 – 652.

[20] Neckers D C, Kooistra D A, Green G W, et al. Polymer-protected reagents: polystyrene-aluminum chloride [J]. Journal of the American Chemical Society, 1972, 94(26): 9284 – 9285.

[21] 俞善信, 文瑞明, 游沛清. 高分子载体 Lewis 酸催化剂的研究进展[J]. 湖南文理学院学报(自然科学版), 2008, 20(4): 36 – 40.

[22] 冉瑞成, 裴伟伟, 贾欣茹, 等. 高分子载体 Lewis 酸催化剂: 聚苯乙烯—三氯化铁复合物——制备及其在有机合成中的应用[J]. 科学通报, 1986, 31(10): 748 – 752.

[23] 刘福安, 吕艳, 黄化民. 高分子载体 FeCl₃ 催化剂的合成及其在加成酯化反应中的应用[J]. 石油化工, 1990, 19(12): 814 – 818.

[24] 俞善信, 陈春林. 高分子催化剂聚氯乙烯—三氯化铁催化合成缩醛(酮)[J]. 离子交换与吸附, 1992, 8(5): 447 – 450.

[25] 丁亮中, 俞善信, 文瑞明. 聚氯乙烯三氯化铁催化合成肉桂酸酯[J]. 山西大学学报(自然科学版), 2001, 24(2): 133 – 135.

[26] 俞善信, 文瑞明. 聚氯乙烯三氯化铁树脂的合成与应用[J]. 广州化学, 2002, 27(3): 49 – 53.

[27] 俞善信. 一种新的高分子 Lewis 酸催化剂的制备及其催化活性的研究[J]. 离子交换与吸附, 1991, 7(2): 122 – 126.

[28] 俞善信. 用高分子载体催化剂过氯乙烯—三氯化铁催化羧酸酯化反应[J]. 日用化学工业, 1990(5): 4 – 7.

[29] 冉瑞成, 蒋硕健, 沈吉. 高分子载体 Lewis 酸催化剂聚苯乙烯—四氯化钛复合物[J]. 应用化学, 1985, 2(1): 29 – 33.

[30] 冉瑞成, 黄进, 沈吉. 高分子载体 Lewis 酸催化剂——弱碱树脂—四氯化钛复合物[J]. 高分子学报, 1987(4): 312 – 316.

[31] 刘福安, 赵俊秀, 黄化民. 离子交换树脂固载四氯化钛的合成及其在有机合成中的应用[J]. 催化学报, 1991, 12(5): 394 – 399;

[32] 裴伟伟, 刘晓和, 冉瑞成. 以高分子为载体的 Lewis 酸催化剂——苯乙烯、甲基丙烯酸甲酯共聚物—四氯化钛复合物的制备及其在有机合成中的应用[J]. 化学学报, 1989, 47: 97 – 101.

[33] 冉瑞成, 黄进, 贾欣茹, 等. 高分子载体 Lewis 酸催化剂: 聚乙烯基咔唑—四氯化钛复合物[J]. 催化学报, 1987, 8(4): 440 – 444.

[34] 冉瑞成, 蒋硕健, 沈吉. 高分子载体 Lewis 酸催化剂: 聚苯乙烯—四氯化锡复合物——制备及其在有机合成中的应用[J]. 高等学校化学学报, 1986, 7(3): 281 – 285.

[35] 冉瑞成, 毛国平. 高分子载体四氯化锡复合物催化剂——Ⅵ. 苯乙烯乙烯基吡啶共聚物—四氯化锡复合物[J]. 催化学报, 1989, 10(1): 92 – 97.

[36] 冉瑞成, 毛国平. 高分子载体四氯化锡复合物催化剂 Ⅴ. 苯乙烯与丙烯腈共聚物—四氯化锡复合物[J]. 化学试剂, 1990, 12(2): 75 – 78.

[37] 冉瑞成, 毛国平. 高分子载体四氯化锡复合物催化剂(Ⅱ)——苯乙烯、甲基丙烯酸甲酯共聚物 – 四氯化锡复合物[J]. 高等学校化学学报, 1989, 10(7): 784 – 786.

[38] 刘福安, 田明园, 李耀先, 等. 高分子路易斯酸催化剂——阳离子交换树脂四氯化锡复合物[J]. 高等学校化学学报, 1993, 14(8): 1172 – 1175.

[39] 冉瑞成, 蒋硕健, 沈吉. 聚苯乙烯—三氯化镓复合物的制备及其在有机合成反应中的应用[J]. 分子科学学报, 1985(2): 221 – 224.

[40] 冉瑞成, 裴伟伟, 贾欣茹, 等. 高分子固载化 Lewis 酸催化剂——聚苯乙烯—五氯化锑复合物[J]. 高分子通讯, 1986(5): 379 – 383.

[41] 冉瑞成, 裴伟伟, 贾欣茹, 等. 高分子载体 Lewis 酸催化剂: 聚苯乙烯—三溴化硼复合物——Ⅰ. 制备及

其在有机合成中的应用[J].有机化学,1987(4):268－272.

[42]冉瑞成,裴伟伟,贾欣茹,等.高分子载体 Lewis 酸催化剂:聚苯乙烯—四氯化锆复合物——制备及其在有机合成中的应用[J].分子催化,1988,2(2):112－118.

[43]冉瑞成,吴相洪,贾欣茹,等.高分子载体 Lewis 酸催化剂——四氯化碲—聚苯乙烯复合物[J].高分子学报,1988(1):67－71.

[44]冉瑞成,裴伟伟,贾欣茹,等.高分子载体 Lewis 酸催化剂:聚苯乙烯—三氯化铝/四氯化钛复合物[J].高等学校化学学报,1986,7(7):645－650.

[45]冉瑞成,贾欣茹,吴相洪,等.高分子载体 Lewis 酸催化剂——聚苯乙烯—三氯化铝/四氯化锡复合物[J].高等学校化学学报,1987,8(12):1141－1145.

[46]刘福安,林英杰,衣保华,等.羧酸与环氧化合物加成酯化的高分子催化剂聚氯乙烯—三氯化铝·硫酸铁[J].吉林大学学报(理学版),1987(4):79－82.

[47]刘福安,李耀先,张景文,等.高分子负载的二元羧酸酯化反应催化剂聚氯乙烯—三氯化铝·氯化锌[J].吉林大学学报(理学版),1991(1):120－122.

[48]俞善信,杨建文.高分子催化剂催化合成氯乙酸乙酯[J].离子交换与吸附,1993,9(3):242－245.

[49]俞善信.高分子催化剂氯化聚氯乙烯—三氯化铁催化合成乳酸正丁酯[J].香料香精化妆品,1991(2):10－11.

[50]冉瑞成,裴伟伟,贾欣茹,等.高分子载体 Lewis 酸催化剂:聚苯乙烯—三氯化铁复合物——制备及其在有机合成中的应用[J].科学通报,1986(10):748－752.

[51]冉瑞成,蒋硕健.一种新型聚合物催化剂——聚苯乙烯—四氯化钛复合物[J].高分子通讯,1985(5):376－379.

[52]陈耀祖.有机分析[M].北京:高等教育出版社,1983:160.

[53]沈德言.红外光谱在高分子研究中的应用[M].北京:科学出版社,1982:84.

[54]华中师范学院,东北师范大学,陕西师范大学.分析化学实验[M].北京:高等教育出版社,1981:178.

第 4 章

聚合物固载相转移催化剂

4.1　相转移催化及固载相转移催化剂简介

相转移催化(phase transfer catalysis, PTC)反应属于两相反应，一相是盐、酸、碱的水溶液或固体，另一相是溶有反应物质的有机介质溶液。如果没有催化剂，通常这种反应速率较慢、得率较低，甚至完全不能发生。常规操作是将反应物溶于均相介质。如果使用羟基溶剂，一般发生阴离子溶剂化作用而导致反应速率下降，有时还因溶剂化副反应而使反应得率降低。用非质子溶剂比较好，但一般价格昂贵，反应后又难以除去，在大规模生产时还可能存在环境保护问题。

相转移催化作用能使离子化合物与不溶于水的有机物质在低极性溶剂中进行反应，或加速这些反应。最常用的催化剂是鎓盐，或能与碱金属离子络合而增溶的络合剂。这种催化剂的基本作用是将反应盐的阴离子以离子对的形式转移到有机介质中，在这里阴离子未被溶剂化，是裸露的(除反电性离子外)，所以活性甚大。

因此，PTC 与常规操作相比显然具有下列突出的特点：

(1)不再需要昂贵的无水溶剂或非质子溶剂；

(2)增加反应速率；

(3)降低反应温度；

(4)在许多情况下操作简便；

(5)能用碱金属氢氧化物的水溶液代替醇盐、氨基钠、氢化钠或金属钠。

其他特殊优点尚有：

(1)能进行别的条件下所不能进行的反应；

(2)改变反应选择性；

(3)改变产品比率；

(4)通过抑制副反应而提高得率。

PTC 是一个比较新的化学领域，是 20 世纪 60 年代中后期由波兰学者 M. Makosza、美国学者 C. M. Starks 和瑞典学者 A. Brandstrom 3 个不同的研究者奠定基础的。

当然，涉及相转移现象的反应早已有报道[1]。就目前所知，最早的反应始于 1913 年，一些早期作者或多或少谈到过这方面的内容，但对这种催化反应的机理都未明确阐述，而且未意识到这种新技术的潜力和应用价值。

据目前所知，PTC 技术始于 1965 年 Makosza 及其合作者所做的工作。他们主要系统地探讨了含有浓的碱金属氢氧化物水溶液的两相体系中的烷基化反应，后来又探讨了其他反应，他们称这些反应为"两相催化反应""阴离子催化烷基化""卡宾的催化制备"等。

Brandstrom 开始是从物理化学和分析角度进行研究，他于 1969 年[2]发表了首篇与本章主题有关的论文，随后于 1970 年又发表了在制备有机化学中的离子对萃取的综述性论文。

"相转移催化"这个名词是由 Starks 提出的，并在 1968 年的一篇专利中首次使用。这一新技术和"相转移催化"这一名词大概是 1971 年，Starks 在《美国化学会志》上发表有关论文[3]后，开始被公认的。Starks 第一次明确地提出这种方法的应用范围，而且超出了原有的范围（即烷基化反应和卡宾制备）。此外，还提出了所有这类反应的统一机理。这对该领域发展产生了巨大的影响，引起了人们的广泛兴趣。例如，1972 年至 1976 年间，美国有关 PTC 技术应用的专利仅 4 项，而到 1982 年，全美 PTC 技术应用专利已有 119 项，其中大部分为 40 多家公司购买采用。PTC 技术的兴起大大推动了有机合成的发展，对有机合成是一次艺术上的革命。PTC 技术不仅已广泛应用于分析化学、原子能化学、高分子化学、配位化学、电化学、环境化学、仿生化学[4]等领域，在有机合成中也由最初的含活泼氢化合物的烃基化反应，扩大到消除反应、加成反应、取代反应、缩合反应、酯化反应、氧化还原反应、重排反应、高分子聚合反应、有机金属化合物的制备等方面[5-6]。

近十多年来，较为常用的相转移催化剂有鎓盐类（季铵盐、季鏻盐）和冠醚类化合物，它们较适合于液—液相转移催化[6-10]，然而，鎓盐的化学稳定性较差，冠醚类化合物价格昂贵，又有毒性，并且使用后难以回收，一定大小的冠醚环只能络合一定大小的阳离子，使应用受到一定限制。20 世纪 70 年代后期开发的聚乙二醇（polyethylene glycol，PEG）具有类似于冠醚的醚链结构，能够折叠成不同大小的空穴而与不同离子半径的离子络合，同时无毒，来源丰富、价廉，为在有机合成中的应用开辟了广阔前景[11-19]。但是，它们存在分离困难、难于回收、消耗大的缺点，会造成一定的浪费和环境污染。

为了改善这一状况，化学工作者受美国生物化学家 Merrifield 固相多肽合成法[20-21]的启示，将一些具有相转移催化活性的分子以化学键的形式固载到不溶性的高分子微球（如二乙烯基苯-聚苯乙烯或硅胶）上形成固载相转移催化剂。

由于这类催化剂在催化固—液或液—液两相反应时，催化剂本身为不溶性固体，始终自成一相。加上底物的两相，体系共有三相（固-固-液或固-液-液），故人们有时也将其称为三相催化剂（triphase catalyst，TPC 或 TC）或高分子相转移催化剂（聚合物相转移催化剂，polymeric phase-transfer catalysts）。它既具有高分子催化剂的优点，又具有相转移催化剂的特点，采用这种方法，所需能源和投资都会降低，并适用于自动化生产，因而受到化学工业界的极大关注。

一般说来，聚合物固载相转移催化剂的结构大致由 3 部分组成：

（1）不溶性高分子载体；

（2）活性中心（如鎓盐、冠醚、聚乙二醇）；

（3）联结载体与活性中心的空间链。

它们能够催化大多数非固载相转移催化剂所能催化的反应，具有耐溶、机械强度好、无毒、无污染环境等优点，而且可以定量回收和重复使用，只需要简单过滤，即可与反应液分开，洗涤、干燥后，活性仍能保持，有的三相催化剂具有较长的使用寿命。

4.2 聚合物固载相转移催化剂的制备

4.2.1 固载鎓盐类相转移催化剂

高分子树脂固载鎓盐最初是用作离子交换树脂，用作相转移催化剂是 20 世纪 70 年代才开始的。

(1)固载季铵盐、季鏻盐。

最经典的合成方法是将 2% 二乙烯苯交联的聚苯乙烯(divinylbenzene – polystyrene，简写 DVB – PS)树脂(本节用 PS 表示)用氯甲醚进行氯甲基化，再用三正丁胺(膦)与它反应[22]，得到固载鎓盐(1)和(2)，这也是最早的一类固载相转移催化剂。

$$PS \xrightarrow{CH_3OCH_2Cl} PS—CH_2Cl \xrightarrow{ABu_3} PS—CH_2A^+Bu_3 \cdot Cl^-$$
$$A = N(1) ; A = P(2)$$

Kondo 等[23]最近合成出高效的固载相转移催化剂四苯基鏻 $PS – P^+Ph_3Br^-$ (3)。它不同于烷基季鏻盐，在碱性条件下不会发生 Hoffmann 消除反应，活性中心的结构稳定，具有较长的使用寿命。

最初合成的固载季铵(鏻)盐，活性中心与载体之间的空间链很短，甚至没有空间链。诸如此类的催化剂还有：

$PS—CH_2N^+Me_2Bu \cdot X^-$，$X = Cl$ (4)，Br (5)；

$PS—CH_2N^+Me_3 \cdot Cl^-$ (6)；

$PS—CH_2N^+Me_2CH_2Ph \cdot Cl^-$ (7)；

$PS—CH_2P^+Ph_2Bu \cdot Cl^-$ (8)。

后来研究发现，当催化剂的空间链适当增长时，活性中心的自由度增加，便于伸展，催化活性提高，因此有必要开展这方面的研究工作。

Chiles 等[24]经过多步反应"插入"了 $(CH_2)_n$ 空间链，合成了 (9) ~ (12) 这 4 种催化剂。

$$\begin{array}{l} \xrightarrow{CN^-, H^+} PS—CH_2COOH \xrightarrow{B_2H_6 ; PBr_3 ; ABu_3} PS—(CH_2)_2A^+Bu_3 \cdot Br^- \\ \hspace{4cm} A = N(9) ; A = P(10) \\ PS—CH_2Cl \\ \xrightarrow{^-CH(COOEt)_2, H^+} PS—(CH_2)_2COOH \xrightarrow{B_2H_6 ; PBr_3 ; ABu_3} PS—(CH_2)_3A^+Bu_3 \cdot Br^- \\ \hspace{5cm} A = N(11) ; A = P(12) \end{array}$$

Tomoi 通过 CF_3SO_3H 催化 ω – 溴代烯烃与树脂发生 Friedel – Crafts 反应制得溴烃基化树脂，再与三烃基膦反应得高分子固载长链季鏻盐树脂(13)，具有良好的催化活性与稳定性[25]。

$$PS \xrightarrow[CH_2 = CH(CH_2)_nBr]{CF_3SO_3H} PS—(CH_2)_{n+2}Br \xrightarrow{PR_3} PS—(CH_2)_{n+2}P^+R_3 \cdot Br^-$$
$$(13)$$

该接技法的优点是选择性高，几乎无副反应，但原料 ω – 溴代烯烃除溴丙烯外，其他烯烃不易获得，限制了该法的推广。采用 Lewis 酸将 α，ω－二卤代烷的一头键联到 PS 微球上，也是设置空间链的常用方法[26-27]。

$$PS + Br(CH_2)_nBr \xrightarrow{AlCl_3,\ PhNO_2} PS—(CH_2)_nBr$$

但此法存在一定缺陷，因为在发生 Friedel-Crafts 反应时，α，ω－二溴代烷的 α，ω 位都可能接枝到树脂上，造成桥联化，失去了部分端溴亚甲基，影响到固载活性中心的数目。McManus 的工作克服了此缺点[28]。将绝对干燥的二乙烯苯—聚苯乙烯微球与正丁基锂的四甲基乙二胺溶液作用，得苯基锂树脂，再与环丁氯鎓盐作用，几乎定量地转变成 ω－氯丁基化树脂：

$$PS \xrightarrow{n-BuLi/TMEDA} PS—Li \xrightarrow{\hspace{1cm}} PS—(CH_2)_4Cl$$

此法条件苛刻。空间链也可以先接到聚合物单体上，然后将所得的 ω－溴代烷基化苯乙烯与定量苯乙烯及二乙烯苯悬浮共聚，可得 ω－溴代烷基的 DVB-PS 树脂，最后与叔胺或叔膦反应，得到高活性的催化剂(14)[29]。

$$H_2C{=}CH—C_6H_4CH_2MgCl + Br(CH_2)_nBr \xrightarrow{Li_2CuCl_4} H_2C{=}CH—C_6H_4(CH_2)_mBr$$

$$\xrightarrow[H_2C=CH—C_6H_5]{DVB} PS—(CH_2)_mBr \xrightarrow{PBu_3} PS—(CH_2)_mP^+Bu_3 \cdot Br^-$$

(14)

与前面的方法比较，本共聚法具有如下优点：

a. 共聚产物除含有 ω－溴代烷基外，不含其他杂质官能团；

b. 共聚树脂中的 ω－溴代烷基的含量可以控制，从而控制催化剂中活性中心的含量；

c. ω－溴代烷基化苯乙烯还可以与其他共聚单体共聚而形成多种高分子载体。

除了纯碳原子的空间链外，有文献指出，可由胺甲基 DVB-PS 合成出带酰胺结构空间链的季铵(鏻)盐催化剂(15)~(18)[30]。

PS—CH$_2$NHCO(CH$_2$)$_{10}$N$^+$R$_3$ · Br$^-$　　R = Me(15)，Bu(16)；

PS—CH$_2$[NHCO(CH$_2$)$_{10}$]$_n$P$^+$Bu$_3$ · Br$^-$　　n = 1(17)，n = 2(18)。

这 4 种催化剂的合成路线如下所示：

$$PS—CH_2NH_2 \xrightarrow[\text{吡啶}]{ClCO(CH_2)_{10}Br} (\text{I}) \xrightarrow{R_3N} (15),(16)$$

$$\xrightarrow{Bu_3P} (17)$$

$$(\text{III}) \xrightarrow{\text{水合肼}} (\text{IV}) \xrightarrow{ClCO(CH_2)_{10}Br,\ \text{吡啶}} (\text{II}) \xrightarrow{Bu_3P} (18)$$

这里，I：PS—CH$_2$NHCO(CH$_2$)$_{10}$Br；II：PS—CH$_2$[NHCO(CH$_2$)$_{10}$]$_2$Br；

III：PS—CH$_2$NHCO(CH$_2$)$_{10}$N；IV：PS—CH$_2$NHCO(CH$_2$)$_{10}$NH$_2$。

固载相转移催化剂的载体，除 DVB – PS 外，较常用的还有硅胶。意大利 Tundo 等人合成了极性有机硅聚合物固载季鏻盐(19) ~ (20)[31-33]：

$$Cl_3Si(CH_2)_3Br \xrightarrow{EtOH, Et_3N} (EtO)_3Si(CH_2)_3Br \xrightarrow{硅胶} SiO_2 \cdot Si(CH_2)_3Br$$

$$\xrightarrow{PBu_3} SiO_2 \cdot Si(CH_2)_3P^+Bu_3 \cdot Br^-$$
$$(19)$$

$$\xrightarrow{NH_3} SiO_2 \cdot Si(CH_2)_3NH_2 \xrightarrow{ClCO(CH_2)_{10}Br} SiO_2 \cdot Si(CH_2)_3NHCO(CH_2)_{10}Br$$

$$\downarrow{PBu_3}$$

$$SiO_2 \cdot Si(CH_2)_3NHCO(CH_2)_{10}P^+Bu_3 \cdot Br^-$$
$$(20)$$

并考察了(19)和(20)在卤素交换反应和酮还原反应中的催化活性，发现具有较长空间链的(20)比(19)具有更高的活性，两者都能重复使用，而活性几乎没有下降，但若用于强碱性水溶液的反应体系，两者皆溶解，不能回收，从而限制了其应用范围。

其后，John 等人[34]合成了聚苯乙烯固载多鏻型相转移催化剂(21) ~ (22)：

$$PS—CH_2(Me)[CH(Me)P^+Bu_3 \cdot Br^-]_2 \quad (21)$$
$$PS—CH_2(Me)(CH_2P^+Bu_3 \cdot Br^-)_2 \quad (22)$$

$$\xrightarrow[2)BH_3/THF]{1)^-CMe(COMe)_2} PS—CH_2CMe[CH(OH)Me]_2 \xrightarrow[2)PBu_3]{1)PBr_3} (21)$$

$$PS—CH_2Cl$$

$$\xrightarrow[2)BH_3/THF]{1)^-CMe(COOEt)_2} PS—CH_2CMe(CH_2OH)_2 \xrightarrow[2)PBu_3]{1)PBr_3} (22)$$

钟宁等[35]合成了一系列多铵型催化剂(23, 24)：

$$PS—CH_2Cl \xrightarrow{H_2N(CH_2CH_2NH)_3H} PS—(NHCH_2CH_2)_3CH_2NH_2 \xrightarrow{HCOOH, HCHO}$$

$$\xrightarrow{PhCH_2Cl} PS—[CH_2N^+(Me)(CH_2Ph)CH_2]_3CH_2N^+(Me)_2CH_2Ph \cdot 4Cl^-$$
$$(23)$$

$$PS—(CH_2)_6Br \xrightarrow{H_2N(CH_2CH_2NH)_3H} PS—(CH_2)_6(NHCH_2CH_2)_3NH_2 \xrightarrow{HCOOH, HCHO}$$

$$\xrightarrow{PhCH_2Cl} PS—(CH_2)_5[CH_2N^+(Me)(CH_2Ph)CH_2]_3CH_2N^+(Me)_2CH_2Ph \cdot 4Cl^-$$
$$(24)$$

它们都是有效的相转移催化剂，并发现(21)和(22)的活性均高于相应的单鏻型催化剂(12)。

即使是聚合物固载的胺氧化物(25)：

$$PS—CH_2OCH_2CMe_2NMe_2 \xrightarrow{[O]} PS—CH_2OCH_2CMe_2—\overset{O^-}{\underset{+}{N}}Me_2$$
$$(25)$$

也表现出一定的相转移催化能力[36]。虽然它不是固载的季铵盐，但在氯苄与盐的反应中可以转化成季铵盐的形式，而发挥相转移催化剂的作用。

$$PS{-}CH_2OCH_2CMe_2\overset{O^-}{\underset{+}{-}}NMe_2 \xrightarrow{PhCH_2Cl} PS{-}CH_2OCH_2CMe_2\overset{OCH_2Ph}{\underset{+}{-}}NMe_2\cdot Cl^- \xrightarrow{-PhCHO}$$

$$PS{-}CH_2OCH_2CMe_2\overset{H}{\underset{+}{-}}NMe_2\cdot Cl^- \xrightarrow{PhCH_2Cl} PS{-}CH_2OCH_2CMe_2\overset{CH_2Ph}{\underset{+}{-}}NMe_2\cdot Cl^-$$

（2）固载锍盐类。

小分子的锍盐几乎没有相转移催化活性，而锍盐聚合物则有一定活性[37]。锍盐本身比较稳定，合成聚合物盐相对困难些，因此，有关固载锍盐的相转移催化剂的研究报道尚不多见，Kondo 和 Ogura 等[38-39]分别合成了各种结构的锍盐聚合物。但聚合物骨架多为线型聚苯乙烯型，未予交联，可溶于某些有机溶剂，因此，严格说来不能称为相转移催化剂。村山等人将对乙烯基苯甲硫醚、苯乙烯及二乙烯基苯共聚，再进行硫甲基化，制得了固载锍盐(26)，它与非交联的类似物具有相似的相转移催化活性。

$$\xrightarrow[60^\circ C]{AIBN,\ DVB}$$

$$\xrightarrow{(CH_3)_2SO_4}$$

(26)

Kondo 等人[40]采用 Lewis 酸催化法，将二苯亚砜固载到聚苯乙烯上，制得固载三苯基锍催化剂。当锍盐配对的阴离子为溴离子时，显示较高的催化活性；而当阴离子为氯离子时，活性较低。该催化剂在碱性条件下稳定，不发生 Hoffmann 消除反应。

$$PS \xrightarrow[2)H^+,\ H_2O,\ KX]{1)Ph_2S{=}O,\ AlCl_3,\ PhNO_2} PS{-}S^+Ph_2\cdot X^-$$

(27)

4.2.2　固载冠醚、穴醚类相转移催化剂

固载冠醚作为相转移催化剂最早是由意大利学者 Montanari 等提出来的[41]。固载的经典方法是将带有活性侧链基团的冠醚或穴醚直接连到卤烃基化树脂上。Montanari 研究小组将 N-乙基胺壬基-18-冠-6 或氨基壬基[2.2.2]穴醚固载到氯甲基化 DVB-PS 树脂上，合成夹有长空间链的固载冠醚和穴醚(28)~(29)：

$$PS\!-\!CH_2Cl + EtNH(CH_2)_9\!-\!18\!-\!C\!-\!6 \longrightarrow PS\!-\!CH_2N(Et)(CH_2)_9\!-\!18\!-\!C\!-\!6$$

$$(28)$$

$$PS\!-\!CH_2Cl + H_2N(CH_2)_9 \longrightarrow PS\!-\!CH_2NH(CH_2)_9$$

$$(29)$$

Anelli 等[42] 采用腈还原法经多步反应合成了类似的催化剂。然而值得注意的是，由于载体骨架具有一定的柔韧性[43]，特别是在适宜的溶胀剂中，1 个带侧链胺(氨)的冠醚有可能与 1 个以上的氯化苄单元作用，形成一定的深度结构：

所形成的季铵盐结构也对相转移催化有一定贡献。

其后，Montanari 研究小组又制出了含有酰胺结构的更长空间链的固载冠醚(30)，冠醚基团自由度更大，活性也大大提高[44]。

$$PS\!-\!CH_2NH_2 \xrightarrow{ClCO(CH_2)_{10}Br} PS\!-\!CH_2NHCO(CH_2)_{10}Br \xrightarrow{EtNH(CH_2)_9-18-C-6}$$

$$PS\!-\!CH_2NHCO(CH_2)_{10}N(Et)(CH_2)_9\!-\!18\!-\!C\!-\!6$$

$$(30)$$

邬震中等[45]也采用此胺侧链冠醚法，将 4′-N-烃基氨甲基苯并 18-冠-6 固载到氯甲基化 DVB-PS 树脂或硅胶上，得到相转移催化剂(31)和(32)：

$$(Q)$$

$$(31)$$

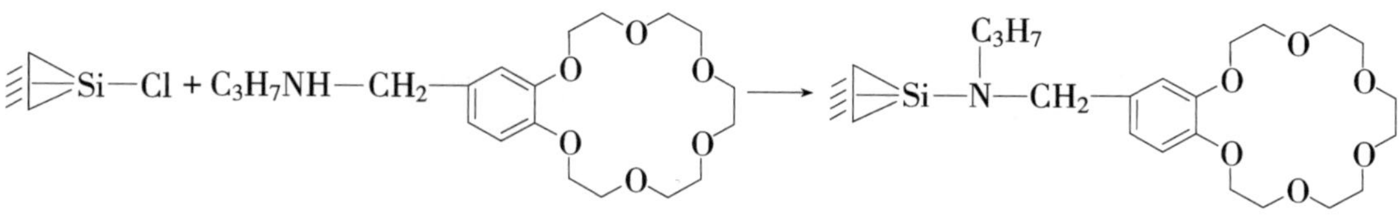

(32)

继氨基侧链法后，Montanari 研究小组又报道了羟基侧链固载法[46]，合成了多碳空间链的固载 18 - 冠 - 6 及固载[2.2.2]穴醚相转移催化剂(33)和(34)。

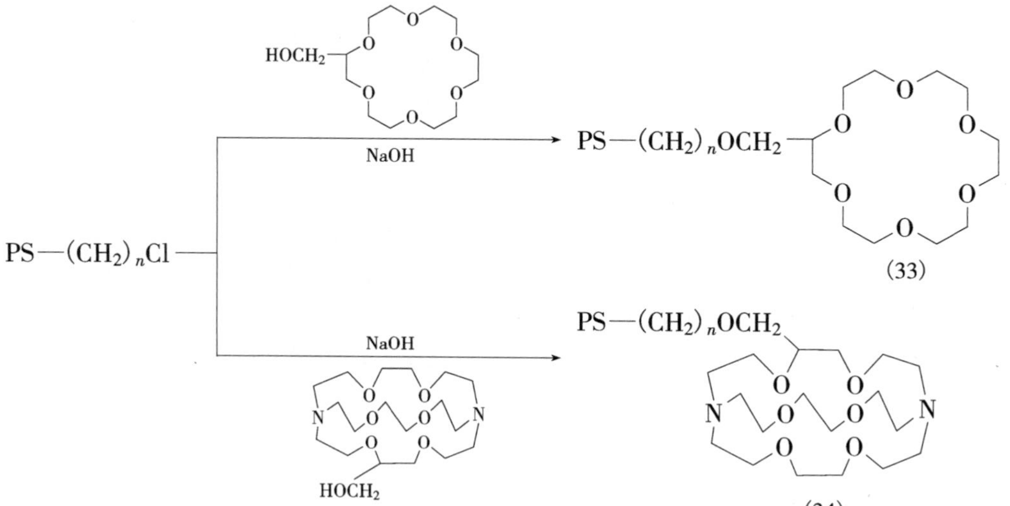

(33)

(34)

桂一枝等应用此法，合成了固载苯并 - 15 - 冠 - 5(35，36)[47] 及固载二苯并 - 18 - 冠 - 6(37)[48]。

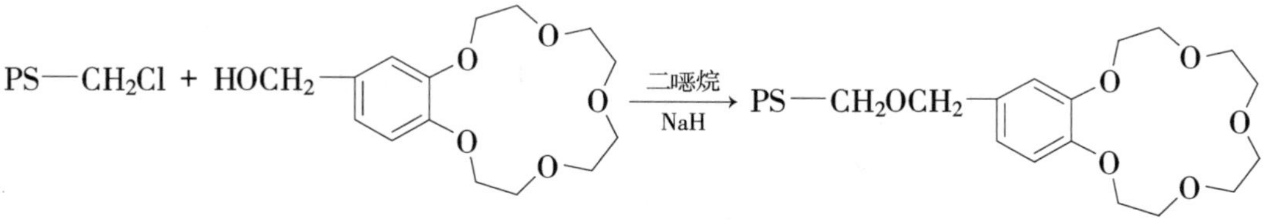

(35)

$$PS—CH_2Cl + HO(CH_2CH_2O)_4H \xrightarrow[NaH]{二噁烷} PS—CH_2(OCH_2CH_2)_4H$$

$$\xrightarrow{SOCl_2} PS—CH_2(OCH_2CH_2)_4Cl$$

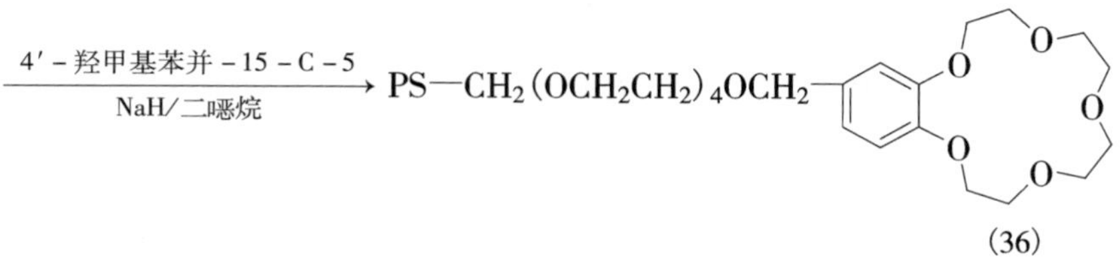

$$\xrightarrow[NaH/二噁烷]{4'-羟甲基苯并-15-C-5} PS—CH_2(OCH_2CH_2)_4OCH_2—$$

(36)

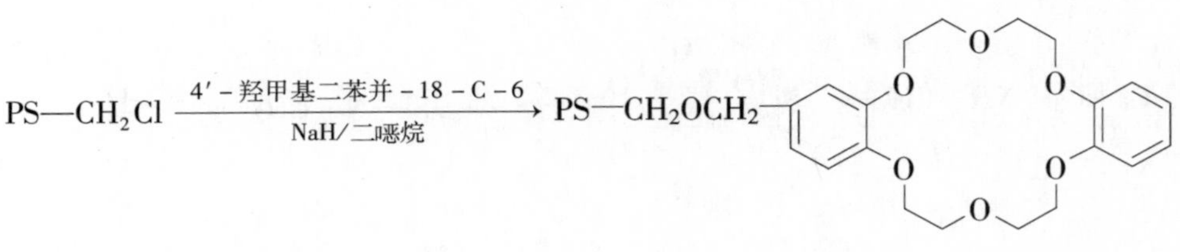

$$PS—CH_2Cl \xrightarrow[\text{NaH/二噁烷}]{4'-羟甲基二苯并-18-C-6} PS—CH_2OCH_2-\text{(37)}$$

(37)

通过氯甲基化树脂与苯并冠醚之间的 Friedel – Crafts 反应可以使冠醚固载化[49]:

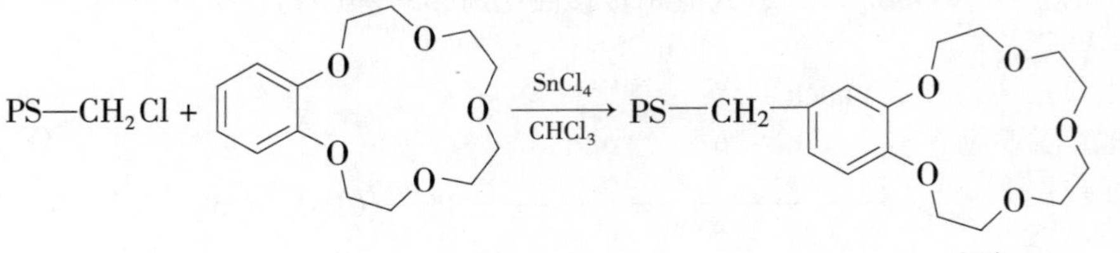

$$PS—CH_2Cl + \xrightarrow[\text{CHCl}_3]{\text{SnCl}_4} PS—CH_2-$$

(38)

虽然方法独特,但固载率太低,且氯甲基化树脂自身也会发生 Friedel – Crafts 反应,不仅无效地消耗了活性基团—CH₂Cl,而且增大了树脂的交联度,因此很少被采用。

Warshawsky 等人利用一种新的方法合成固载化的冠醚[50]。他们不是把事先合成好的取代冠醚固载到树脂上,而是直接在树脂载体上合成冠醚,且树脂上的冠醚含量较高,催化能力强。

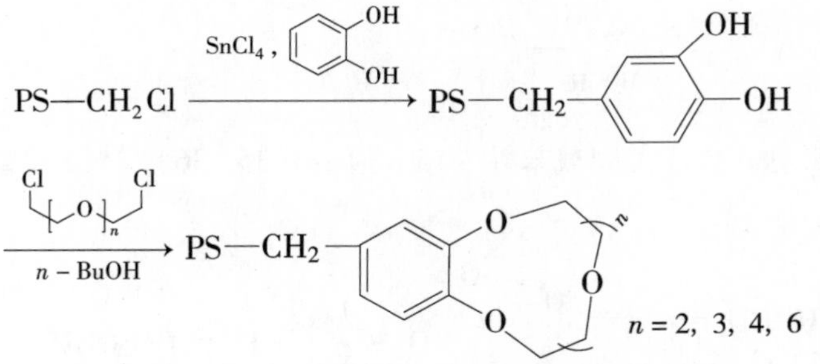

$$PS—CH_2Cl \xrightarrow{\text{SnCl}_4,} PS—CH_2-\text{OH, OH}$$

$$\xrightarrow[\text{n-BuOH}]{} PS—CH_2- \quad n = 2,3,4,6$$

(39)

陈正国等合成了如下一系列固载冠醚(40)~(43)[51],并用于碘代、氰代及二氯卡宾加成等反应中,是有效的固载相转移催化剂,交联度分别为 0%、5%、10% 3 种。

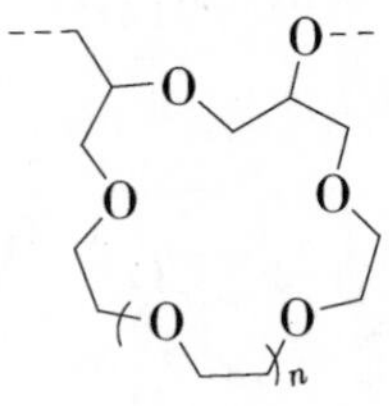

(40) 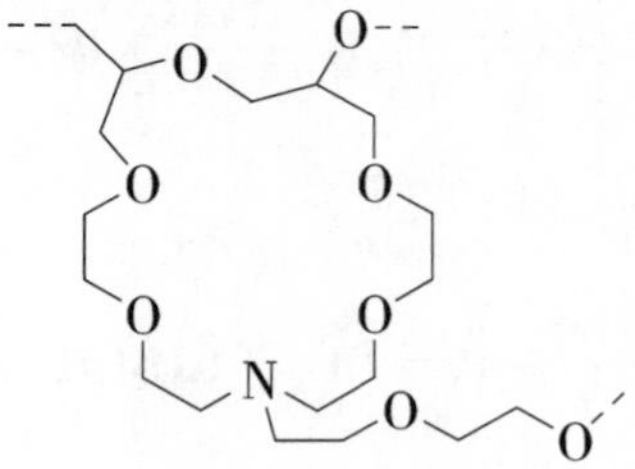   (41)

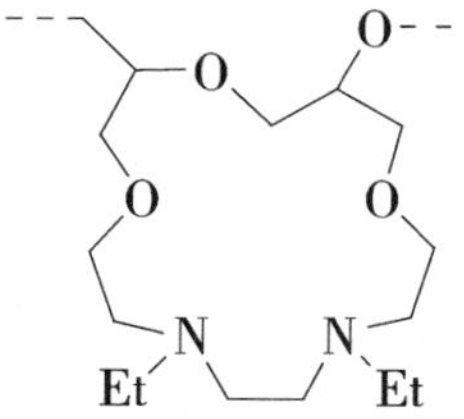

（42） 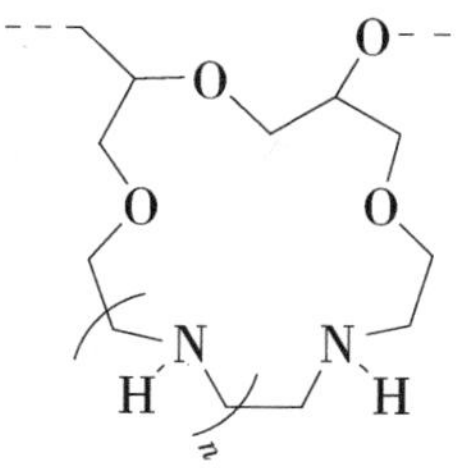　　　　　　　　　　（43）

　　由官能化的冠醚单体聚合而成高分子固载冠醚，是近几年来比较热门的研究方向[52-53]。此方法主要是用具有末端双键侧链的冠醚与取代的硅氢化合物发生加成反应，再经硅氧聚合，得硅胶固载冠醚相转移催化剂。应用此方法合成的固载氮杂冠醚，具有优良的相转移催化活性和稳定性[54]。

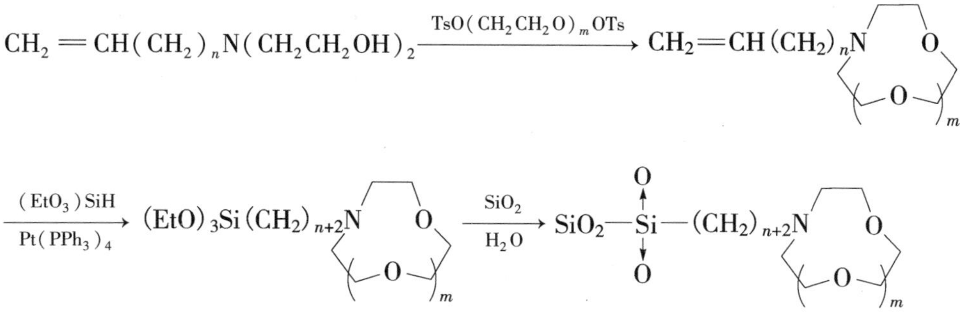

　　此外，非冠醚单体聚合成交联聚冠醚也是合成冠醚类固载催化剂的有效途径[55-56]。这类催化剂在载体与活性中心间没有明显的差别，两者已相互"融合"。Mathias 等以二乙烯基聚乙二醇双醚为原料催化聚合成部分交联的不溶性聚合冠醚（45），它具有柔韧、易溶胀等特点。Yokota 等也用相似的方法合成了不溶性聚冠醚（46）[55]，其对金属离子的络合能力低于可溶性的类似物。

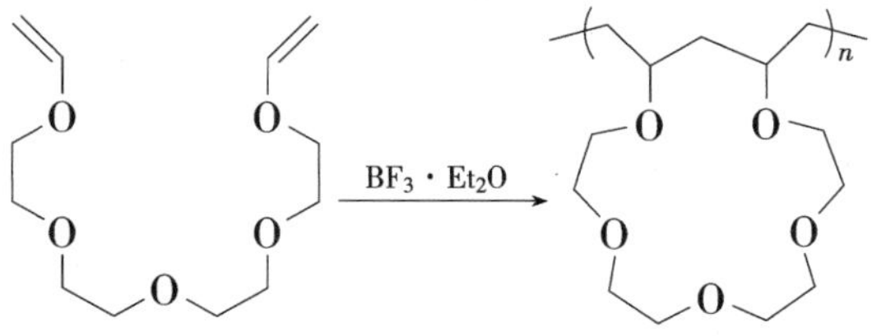

（45）

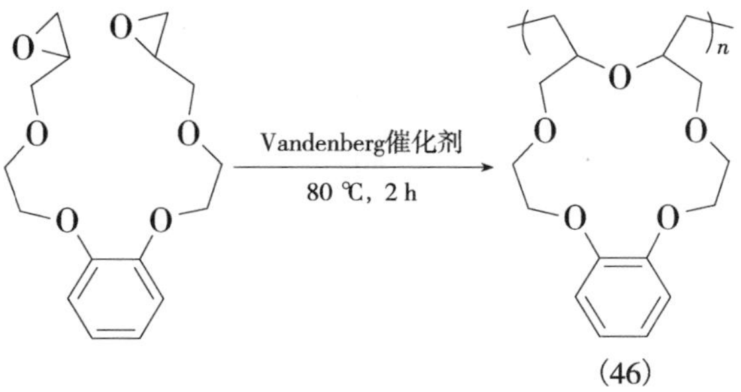

（46）

4.2.3 固载聚乙二醇及其衍生物类相转移催化剂

聚乙二醇(polyethylene glycol，PEG)是近年开发的相转移催化剂，因其具有与冠醚类似的乙撑氧单元结构，故对阳离子有一定的络合能力。尽管其络合能力不及冠醚，但它价廉无毒，日益受到人们的注意。将聚乙二醇及其衍生物固载到官能化的聚苯乙烯或硅胶上，用作固载相转移催化剂已有几篇报道[57-62]。聚乙二醇固载到氯甲基化树脂上时，聚乙二醇可能发生双头固载化[63]，形成所谓假冠醚[64]，而且随着聚乙二醇相对分子质量增加，这种桥联化也越严重[65]。如将聚乙二醇链的一端用烃基封闭，形成聚乙二醇单醚，再与氯甲基化树脂接枝，可避免桥联，提高树脂上"自由"聚乙二醇的含量[66]，如催化剂(48)。

$$
\begin{array}{c}
\text{—CH}_2\text{Cl} \\
\text{—CH}_2\text{Cl} \\
\text{—CH}_2\text{Cl}
\end{array}
\xrightarrow[\text{NaH/THF}]{\text{PEG}}
\begin{array}{c}
\text{—CH}_2\text{O(CH}_2\text{CH}_2\text{O)}_n\text{H} \\
\text{—CH}_2\text{O} \\
\text{—CH}_2\text{(OCH}_2\text{CH}_2\text{)}_n
\end{array}
$$

(47)　部分桥联

$$
\text{HO(CH}_2\text{CH}_2\text{O)}_n\text{H} \xrightarrow[\text{NaH/THF}]{\text{RCH}_2\text{Cl}} \text{HO(CH}_2\text{CH}_2\text{O)}_n\text{CH}_2\text{R} \xrightarrow[\text{NaH/THF}]{\text{PS—CH}_2\text{Cl}} \text{PS—CH}_2\text{O(CH}_2\text{CH}_2\text{O)}_n\text{CH}_2\text{R}
$$

(48)

Sherrington 等人[67]将 PEG 固载化后，在 PEG 的自由端接上一含有给电子原子的基团(49)，其催化活性较(47)和(48)大为提高。因为给电子原子参与 PEG 链的络合，增强了络合能力。

$$
\text{PS—CH}_2\text{Cl} \xrightarrow[\text{NaH}]{\text{PEG}} \text{PS—CH}_2\text{(OCH}_2\text{CH}_2\text{)}_n\text{OH} \xrightarrow{\text{TsCl}} \text{PS—CH}_2\text{(OCH}_2\text{CH}_2\text{)}_n\text{OTs}
$$

$$
\xrightarrow{\delta-\text{羟基喹啉钠}} \text{PS—CH}_2\text{(OCH}_2\text{CH}_2\text{)}_n\text{O}
$$

(49)

PEG 固载于氯甲基化树脂上的经典方法均采用 NaH 为碱并在 N_2 气保护下进行。俞善信等改用 Na 或 NaOH 水溶液为碱并在大气下进行接枝也获得良好结果[62]，为这类催化剂的合成和应用开辟了广阔前景。

最近的研究发现氯化聚氯乙烯(chlorinated polyvinyl chloride，CPVC)也可以作为 PEG 的载体，并制成了固载化的 CPVC-PEG 相转移催化剂，具有良好的催化活性[68]。

4.2.4 固定化共溶剂型相转移催化剂

少量的极性非质子溶剂，如二甲亚砜(DMSO)等，在非均相的亲核取代反应中几乎不显示出催化性能，而将它们固载到树脂上形成固定化共溶剂树脂，虽然其中共溶剂总体量不多，但显示出明显的相转移催化活性。高分子固定化共溶剂早在 20 世纪六七十年代就有人研究过，但直到 80 年代初才发现它有相转移催化活性，其可分为二甲亚砜(DMSO)型、二甲基甲酰胺(DMF)型及六甲基磷酰三胺(HMPA)型。

(1)二甲亚砜(dimethyl sulfoxide，DMSO)型固定化共溶剂型相转移催化剂。

Ayres 等人用氯甲基化聚苯乙烯树脂与甲基亚硫酰基甲基钠反应，制得固载亚砜相转移催化剂（50）[69]。

$$PS—CH_2Cl \xrightarrow{CH_3SOCH_2^-Na^+} PS—CH_2CH_2SOCH_3$$

（50）

用亚砜苯乙烯、苯乙烯及二乙烯基苯等单体经自由基共聚得固载亚砜（51），此法可控制产品树脂中的砜基含量，但（51）中亚砜基直接与苯环共轭，使得氧原子上负电荷密度下降，对阳离子的结合作用减弱，活性不及固载亚砜（50）。

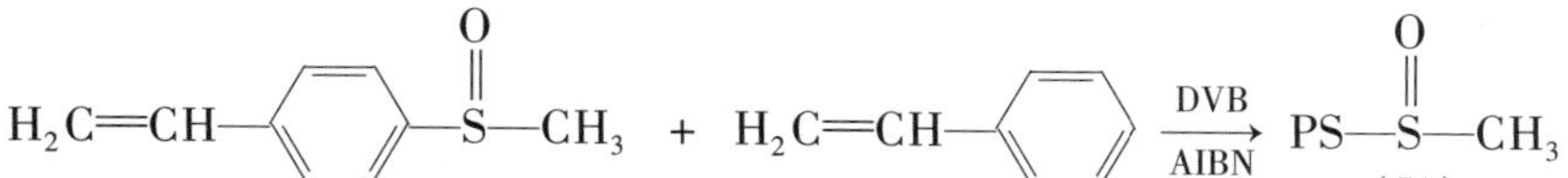

（51）

（2）二甲基甲酰胺（dimethyl formamide，DMF）型固定化共溶剂型相转移催化剂。

此类固定化共溶剂的合成一般是先将酰胺（如 N‑甲基甲酰胺、甲酰胺等）或内酰胺（如吡咯烷酮）与对氯甲基苯乙烯反应，制得含酰胺结构的单体，再进行共聚[70]，即对聚苯乙烯固载 DMF 型相转移催化剂。据报道[71]，几种交联聚苯乙烯固载酰胺相转移催化剂已通过下面方法合成。

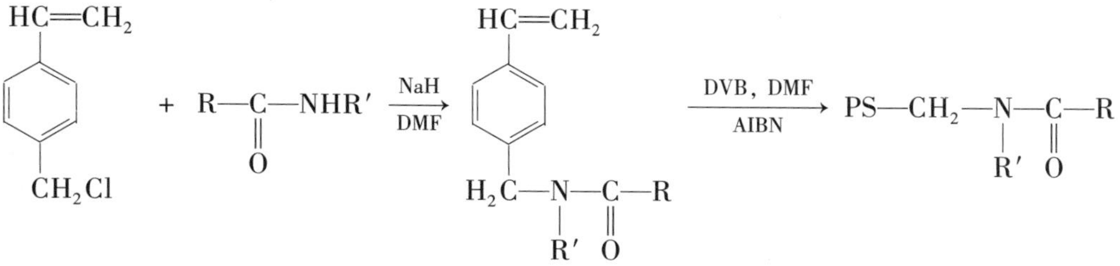

	（52）	（53）	（54）	（55）
R	H	H	Me	Me
R′	H	Me	H	Me

其中当 R′为 H 时，催化剂活性很低，当 R 和 R′均为甲基时，活性有所改善。带有空间链的类似催化剂（56）也同时被合成，其活性与（55）相当。

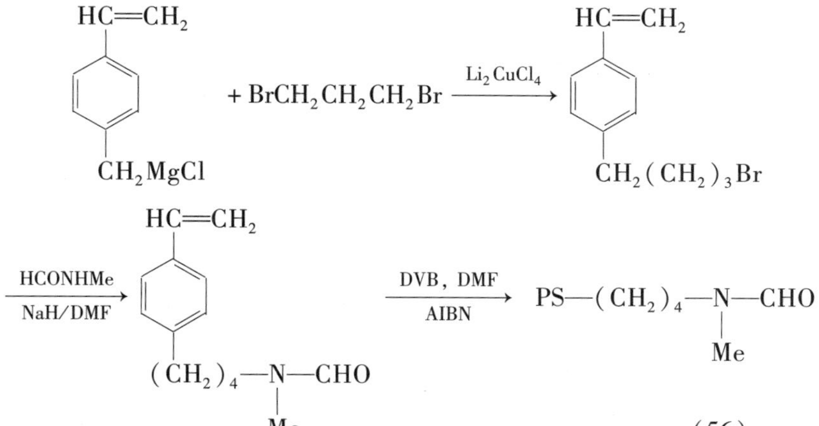

（56）

此外，N‑烷基化的不溶性尼龙‑66 也具有相当活性的相转移催化作用。

（3）六甲基磷酰三胺（hexamethyl phosphortriamide，HMPA）型固定化共溶剂型相转移催化剂。

小分子的 HMPA 虽是有机合成中的优质溶剂，但价格昂贵，又有致癌作用。Regen[72]、Tomoi[73]将甲基磷酰三胺与氯甲基聚苯乙烯树脂反应制得固载磷酰胺相转移催化剂（57）（58）。其中（57）的活性高于（58），它们的相转移催化活性都远远高于非固载的类似物，且重复使用多次后，活性还有上升现象。

$$PS-CH_2Cl \xrightarrow[\text{NaH}]{\text{RNHPO(NMe}_2)_2} PS-CH_2-\overset{R}{\underset{|}{N}}-\overset{O}{\underset{||}{P}}(NMe_2)_2$$

$$R = H(57)，R = Me(58)$$

关于聚合物固定化共溶剂已有不少文献报道，但其中相当一部分，尤其是早期合成的高分子共溶剂多为线型分子，没有交联，尽管有不同程度的相转移催化活性，但因可溶于某些溶剂而不能称为固载化相转移催化剂[74]。

4.2.5　手征性固载相转移催化剂

不对称合成是近当代有机合成中十分活跃的研究领域，一般反应体系中要有手性因素，如手性反应物、手性试剂、手性催化剂或手性溶剂等。手性鎓盐是近代发展起来的不对称合成中的常用相转移催化剂，手性鎓盐有手性季铵盐、手性季鏻盐、手性冠醚化合物[75]等，而使用较多的为季铵盐。

将具有手征性活性中心的聚合物固载相转移催化剂应用于不对称合成是很有价值的研究工作，它将固载化相转移催化剂的优点与诱导不对称合成巧妙地结合起来。就目前文献来看，一般是将含有手性原子的叔胺铆联到氯甲基聚苯乙烯树脂上形成固载手性季铵盐相转移催化剂。由于树脂上活性中心的立体差异性，底物与活性中心作用的方位不同，作用强度也不一样，因而达到不对称诱导合成的目的，获得具有旋光纯度的产物。Chiellini 曾在他的研究简报中证实了这类相转移催化剂不对称诱导的可能性[76]，并合成了手性固载化相转移催化剂（59）～（61）[77]。

$$PS-CH_2N^+(Me)_2 \overset{*}{C}H(Me)\overset{*}{C}H(OH)Ph \cdot X^-$$

固载甲基麻黄碱季铵盐

$$X = Cl(59)，Br(60)$$

$$PS-CH_2N^+(Me)_2\overset{*}{C}H(Me)Ph \cdot X^-$$

$$(61)$$

将辛可宁和奎宁分别固载于氯甲基化聚苯乙烯树脂上，制得聚苯乙烯固载辛可宁（62）及固载奎宁（63），与前述 3 种手性固载相转移催化剂比较，其活性中心季铵盐为环状刚性骨架，具有明显的不对称诱导活性。此后，黄锦霞等人经 Friedel - Grafts 反应制得 ω - 溴化烃基化聚苯乙烯，再与辛可宁或奎宁反应，得到较长空间链的固载辛可宁（64）和固载奎宁（65）[78-79]。相转移催化活性及不对称诱导性能均得以提高。

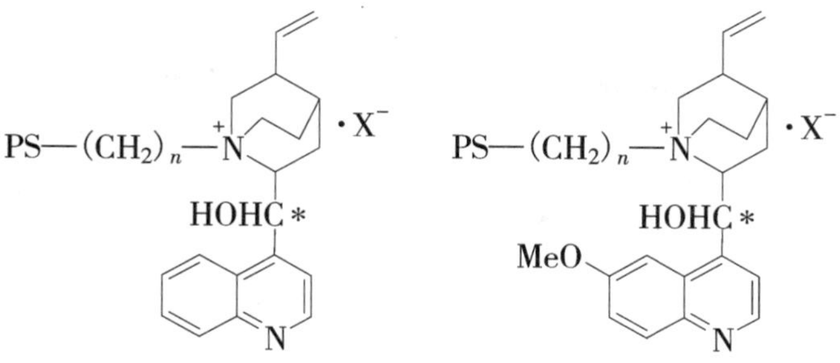

$$n=1(62),\ n>1(64) \qquad n=1(63),\ n>1(65)$$

虽然，目前所采用的几种手性固载化相转移催化剂的不对称诱导效果尚未获得很理想的结果，但它可回收再使用，不污染产品的旋光纯度，可直接获得旋光性产品，并具有与酶催化作用的类似性而可能成为有实用价值的有机合成催化剂。

4.2.6　双中心固载相转移催化剂

双中心固载相转移催化剂是在催化剂上有 2 个相转移催化的活性中心，因而在化学反应中 2 个活性中心均可参与作用，具有较高的催化活性。这类相转移催化剂前面已经遇到过，现列举几例：

a. 酰胺 – 季铵盐型双中心催化剂，例如（15）（16）；

b. 酰胺 – 季鏻盐型双中心催化剂，例如（17）（18）（20）；

c. 酰胺 – 冠醚型双中心催化剂，例如（30）；

d. 聚乙二醇 – 冠醚型双中心催化剂，例如（36）；

e. 聚乙二醇 – 季铵盐型双中心催化剂，Tanaka 曾报道了这类催化剂的合成，并对其活性进行了评价[80]，曾广建等报道了聚苯乙烯固载 PEG400 – 三丁基氯化铵（66）的合成[81]。

$$PS—CH_2(OCH_2CH_2)_9N^+Bu_3 \cdot Cl^-$$

$$(66)$$

最近，俞善信等将聚苯乙烯固载 PEG – 600 与吡啶反应也合成了一类双中心催化剂（67）[82]。

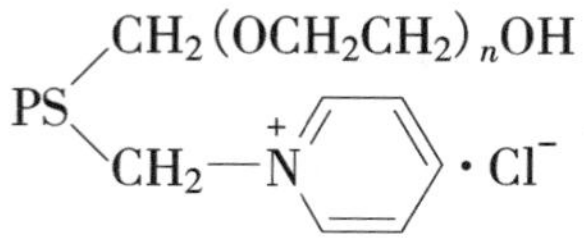

$$(67)$$

双中心固载相转移催化剂的制备，为固载化相转移催化剂的发展开辟了一个新的研究方向。

4.3　聚合物固载相转移催化的作用机理

固载相转移催化剂的作用原理与非固载相转移催化剂基本相同[72, 76]。这里，我们以氢氧化钠试剂为对象，简要阐述季铵盐、冠醚、聚乙二醇及共溶剂对氢氧化钠的作用方式。

（1）季铵盐 $R_1R_2R_3R_4N^+Y^-$（以 Q^+Y^- 代表）为离子型有机化合物，在有机相及水相中均有较好的溶解度。Q^+Y^- 在水相中与 NaOH 交换阴离子，转变成 Q^+OH^- 的形式，并转移到有机相。这样，本来在水相中的 OH^- 同 Q^+ 以离子对的形式转移到有机相，OH^- 同时脱溶剂化，裸露 OH^- 具有较高的活性，然后与 RY(有机相中的底物)迅速反应。新形成的 Q^+Y^- 盐再返回水相中，在水相中 Q^+ 又与新的 OH^- 离子结合而进入下一循环：

$$NaOH + Q^+Y^- \longrightarrow Q^+OH^- + NaY \qquad (水相)$$
--（相界面）
$$ROH + Q^+Y^- \longleftarrow Q^+OH^- + RY \qquad (有机相)$$

因而完成下列反应：

$$RY + NaOH \xrightarrow{Q^+Y^+} ROH + NaY$$

季铵类相转移催化剂的作用特点可概括为离子配对萃取。

(2)冠醚以其环上的多个氧原子共处 1 个平面，在水相中络合 1 个 Na^+ 离子，并携带配对 OH^- 转入有机相中，OH^- 是裸露的，具有较高能量，参与本征反应。冠醚的作用特点可概括为络合萃取。

(3)聚乙二醇(PEG)为开链聚醚，链结构类似冠醚，此醚链能以其氧原子处于同侧络合阳离子 Na^+(图 4 - 1)。PEG 的相转移催化过程类似于冠醚，其作用特点也可概括为络合萃取。

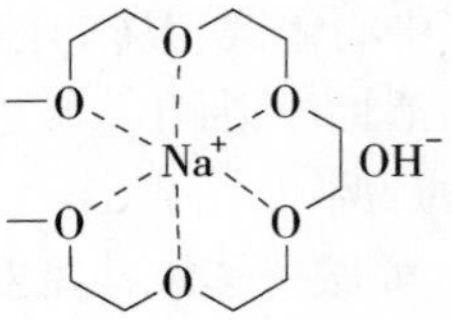

(4)共溶剂，如 DMSO、DMF、HMPA 对氢氧化钠的作用也是络合作用。以 DMSO 为例，二甲亚砜($SO(CH_3)_2$)分子

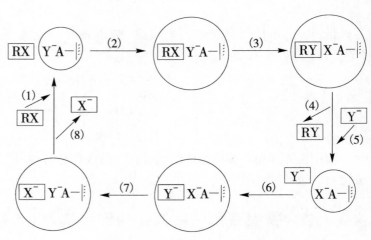

图 4 - 1　PEG 络合作用图

中氧原子上带有较多负电荷，可与钠离子 Na^+ 发生静电吸引，Na^+ 即被溶剂化。由于二甲亚砜中 2 个甲基的空间阻碍作用，氢氧根离子难以接近带部分正电荷的硫原子。该络合钠离子与配对氢氧根负离子由水相转入有机相后，氢氧根负离子脱水化，呈裸露状，具有高能量，从而参与反应。

相转移催化剂固载化后形成的固载化相转移催化剂，虽然种类较多，但其作用过程与通常的非固载相转移催化剂相似，并遵循多相催化的一般规律，基本上都经过外扩散、内扩散及本征反应 3 个主要步骤[58,83-84]，这 3 步在一定条件下都有可能成为反应的控制步骤。固载化相转移催化的一般特点是反应物都必须先着床于催化剂的活性中心，本征反应才能发生。这里用图 4 - 2 来说明固载化相转移催化剂催化取代反应 $RX + MY \longrightarrow RY + MX$ 的作用过程[42]。

图 4 - 2　固载化相转移催化剂作用过程
(A—活性中心；○—催化剂颗粒)

(1)底物 RX 由本体有机相向催化剂外表面传质，即对外扩散。对于任何一个搅动的固

－液体系，越靠近固体颗粒表面，液体的流动速度也越慢，有点类似于电化学中电极周围的"能斯特层"，在流体本体与固体颗粒外表面间也存在一层相对静止的黏滞膜，搅拌速度越小，膜越厚，底物 RX 越难以穿过黏滞膜到达催化剂颗粒外表面；反之，RX 越容易穿过黏滞膜到达催化剂外表面上，完成对外扩散。外扩散速度由搅拌速度及底物在静止膜中扩散因子决定，对一定体系，消除外扩散的方法是提高搅拌速度，一般当搅拌速度高于 600 r/min 时，静止膜基本消失，外扩散基本消除[58]。

（2）底物 RX 由催化剂颗粒外表面扩散到催化剂内表面，即内扩散，如当催化剂外表面活性很高时，本征反应主要发生于催化剂的外表面上，控制步骤为本征反应，内扩散就显得不重要了。反之，当催化剂外表面活性很低时（一般情况也如此，因为外表面的活性中心数量有限），就很有必要考虑内扩散了。影响内扩散的主要因素有催化剂粒度、载体交联度及溶胀情况、孔径大小、溶剂等。催化剂粒度越大，底物内扩散路径越长，活性中心的效率也越低[85]。但如因此而采用过细的催化剂，将给分离带来一定麻烦。若载体交联度过大，则内扩散阻力增大，表观速率下降；但如交联度太小，颗粒机械强度差，易碎。对于 DVB－PS 载体，一般取交联度 2% 为宜[65-66]。载体的形态有大孔型和凝胶型，大孔型一般有利于底物内扩散，凝胶型则内扩散阻力大[65, 86]，所选溶剂应尽可能溶胀，但溶剂黏度不可太大，否则不利于底物的自由扩散。

（3）底物 RX 与裸露离子 Y⁻ 在活性中心发生本征反应。固载相转移催化剂催化的本征反应部分取决于催化剂"萃取"负离子 Y⁻ 的能力及负离子 Y⁻ 被活化的程度。发生本征反应时，Y⁻ 负离子是以近乎裸露形式存在，具有特别高的活性。催化剂的"萃取"能力及对 Y⁻ 负离子的活化能力与催化剂的环取代率有密切关系。催化剂载体一般都为聚苯乙烯微球，属亲油性，而活性中心的亲水倾向较大。因此，载体上活性中心的分布密度将直接影响整个催化剂的亲水—亲油平衡。当环取代率太高时，亲水性过强，虽有利于负离子 Y⁻ 的"萃取"扩散，但不利于 Y⁻ 的表观速率下降；如环取代率过低，催化剂亲水性小，不利于负离子 Y⁻ 的"萃取"扩散。为调和这一矛盾，有人研究表明，对于固载聚乙二醇相转移催化剂，环取代率以 15% ~ 30% 为宜。另外，对亲核取代反应，本征反应还表现一定的溶剂效应，溶剂介电常数大，本征反应快[65]。这也是选择反应用溶剂时必须注意的。

（4）产物 RY 扩散到催化剂外表面，并传质进入液相本体。如 RY 的扩散速率很低，则影响催化剂活性，此步可能成为控制步骤。

（5）负离子 Y⁻ 由水相本体外扩散至催化剂外表面。如催化剂外表面亲水性强，则有利于 Y⁻ 的外扩散萃取。但对一定体系，提高搅拌速度是消除外扩散的重要手段。

（6）负离子 Y⁻ 内扩散至催化剂内表面活性中心。

（7）在内表面活性中心，Y⁻ 离子与 X⁻ 离子交换，Y⁻ 离子与活性中心 A 相互作用，处于活化态。

（8）失活的 X⁻ 离子扩散至水相本体。

固载 PEG 类相转移催化剂的作用过程基本上遵循上述规律。此规律主要适用于液－液－固催化体系（即 L－L－S 体系）。对于固－固－液（S－S－L）催化体系，即无水相，而有固相 MY，其扩散与上面有所不同，即催化剂上的 PEG 链如何将晶格中的 M⁺ 离子络合出来。Mackenzie 和 Sherrington 提出了固载 PEG 的固－固－液体系催化的两种可能机理[57]，一种是认为固体盐在有机溶剂中有一定的溶解度，通过 PEG 链对 M⁺ 的络合而削弱溶解在有机溶中的离子对 M$^+$Y$^-$间的作用力,使负离子 Y$^-$活化而传入催化剂内表面。另一种以为固载化的 PEG 链具有一定的自由度,能与盐分子中的 M$^+$直接络合而从盐晶格中拉出来,使负离子 Y$^-$活化。不仅如此,由于固载 PEG 的浓度效应,相邻的 PEG 链能协同起来以多种形式络合 M$^+$离子[87-88],增强了络合萃取能力。由此可以解释对有些反应,固载 PEG 相转移催化剂的活性甚至比非固载 PEG 的活性高的缘故[89-90]。Pugia 在他的研究中也发现固载冠醚比非固载冠醚的活性高[91]。

影响固载相转移催化剂活性的因素较多,并且相互交织,情况复杂,综合起来可用图 4-3 简单表示各种因素对表观速率常数的影响。

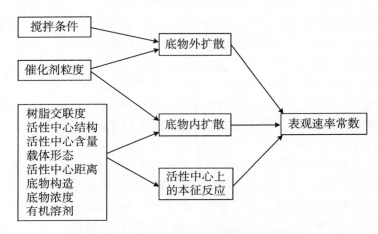

图 4-3　各种因素对表观速率常数的影响

4.4　聚合物固载相转移催化剂的制备及应用

固载化相转移催化剂的催化作用发生在固-固-液或液-液-固三相之间,跟液-液相转移催化和固-液相转移催化一样,都是以离子对萃取或络合萃取的方式催化有机化学反应的。关于以鎓盐、冠醚及穴醚、聚乙二醇为相转移催化剂催化的各类有机反应,已有不少专著和文献报道,戴姆洛夫的著作对鎓盐、冠醚等的应用进行了全面的总结[6]。这些催化剂所能催化的反应内容很多,范围也很广,同时也不是我们所要讨论的范围,这里不予讨论。

前面已经指出,相转移催化由于有它突出的特点,一直受人们的重视。基于目前三相催化方面正在深入研究之中,总结性的文献更少见。为了促进三相催化作用的深入发展,作者根据当前已收集到的资料进行归纳。

由于固载化相转移催化剂的载体不同,结构不一样,固载的相转移催化剂的种类和条件不同,因而在催化反应中对反应速率也不一样。在催化不同反应时,所用溶剂、搅拌速度及催化剂用量等均会发生影响,这些都不可能在这里详细讨论。这里着重介绍固载化相转移催化剂在亲核取代反应、加成反应、氧化还原反应、消除反应等方面的应用,具体的应用方法和要求,可参考有关文献。

4.4.1　在亲核取代反应中的应用

（1）不用碱的取代反应。

a. 卤素的交换反应。

卤代烃在固载化的季铵盐、季鏻盐、冠醚作用下，与无机碘化物、溴化物或氯化物作用可以发生卤素交换反应，生成相应的卤代烃：

$$RX + MY \xrightarrow{\text{Cat.}} RY + MX$$

表 4-1 所示为在固载相转移催化剂作用下卤代烃与卤化物反应的结果。

表 4-1　在固载相转移催化剂作用下卤代烃与卤化物反应的结果

RX	Y^-	催化剂	温度/℃	时间/h	产率/%	文献
$n-C_8H_{17}Br$	I^-	(58)	80	8.0	>95	[73]
$n-C_8H_{17}Br$	I^-	(57)	80	1.0	95	[73]
$n-C_8H_{17}Br$	I^-	(40)a	110	5.0	98	[51]
$n-C_8H_{17}Br$	I^-	(41)	110	5.0	~100	[51]
$n-C_8H_{17}Br$	I^-	(42)	110	3.0	100	[51]
$n-C_8H_{17}Br$	I^-	(19)	80	1.1	95	[31]
$n-C_8H_{17}Br$	I^-	(14)$m=3$	110	1.5	81	[92]
$n-C_6H_{13}Br$	I^-	(65)	90	6.0	87	[79]
$n-C_8H_{17}Cl$	I^-	(14)$m=3$	110	24	47	[92]
$(CH_3)_3CCH_2CH_2Br$	I^-	(14)$m=3$	110	8.0	55	[92]
$(CH_3)_2CHCH_2CH_2Br$	I^-	(14)$m=3$	110	0.9	85	[92]
$CH_3(CH_2)_2CHBrCH_3$	I^-	(14)$m=3$	110	5.5	38	[92]
$n-C_5H_{11}Br$	I^-	(14)$m=3$	110	1.0	82	[92]
$n-C_5H_{11}Br$	I^-	(14)$m=4$	110	5.0	84	[93]
$n-C_5H_{11}Br$	Cl^-	(65)	90	2.5	59.2	[79]
$n-BuBr$	I^-	(23)	88	6.0	90.6	[35]
$n-BuBr$	I^-	(15)(16)(17)	90~95	5.0	93~98	[30]
$Br(CH_2)_4Br$	I^-	(14)$m=3$	110	1.0	92	[92]*
$PhCH_2Cl$	I^-	(14)$m=3$	110	1.0	90	[92]
$n-C_8H_{17}Br$	Cl^-	(14)$m=3$	110	48	90	[92]
$n-C_8H_{17}Cl$	Br^-	(14)$m=3$	110	10.0	69	[92]
$n-C_8H_{17}I$	Br^-	(14)$m=3$	110	24	59	[92]

*产物为 1,4-二碘丁烷。

b. 腈的制备。

卤代烃在固载季铵盐、季鏻盐、酰胺等催化剂的作用下，与氰化物作用，可以与卤素发生交换，形成腈化物：

$$RX + MCN \xrightarrow{\text{Cat.}} RCN + MX$$

表 4-2 所示为在固载相转移催化剂作用下卤代烃与氰化物反应生成腈的结果。

表 4-2　在固载相转移催化剂作用下卤代烃与氰化物反应生成腈的结果

RX	催化剂	温度/℃	时间/h	产率/%	文献
$n-C_8H_{17}Br$	(14)$m=3$	110	1.0	99	[92]
$n-C_8H_{17}Cl$	(14)$m=3$	110	6.0	70	[92]
$n-C_8H_{17}Br$	(57)	80	8.0	>95	[73]
$n-C_8H_{17}Br$	(5)	110	15	98	[94]
$n-C_8H_{17}Br$	(48)$n=8$, R=H	80	20.5	87	[59]
$n-C_7H_{15}Br$	(14)$m=4$	110	3.0	85	[93]
$(CH_3)_3CCH_2CH_2Br$	(14)$m=4$	110	1.1	82	[92]
$n-C_5H_{11}Br$	(14)$m=4$	110	0.5	79	[92]
$n-C_5H_{11}Cl$	(14)$m=4$	110	5.0	84	[92]
$n-C_5H_{11}I$	(11)	110	1.5	85	[92]
$(CH_3)_2CHCH_2CH_2Br$	(11)	110	0.5	75	[92]
$CH_3(CH_2)_2CHBrCH_3$	(11)	110	5.5	51	[92]
$Br(CH_2)_4Br$	(11)	110	0.5	74	[92]*
$PhCH_2Cl$	(48)$n=8$, R=H	80	24	100	[59]
$n-BuBr$	(28)	90	7.0	95	[41]
$n-BuBr$	(14)$m=6$	90	1.6	98	[27]
$n-BuBr$	(14)$m=4$	110	0.8	95	[24]
$n-C_8H_{17}Br$	$PS-CH_2OCO(CH_2)_{11}N^+Me_3$	110	4.0	100	[95]
$n-C_8H_{17}Br$	(16)	90	9.0	100	[36]

* 产物为己二腈。

c. 硫氰化物的生成。

卤代烃在固载化的季鏻盐、锍盐及聚乙二醇等的作用下，与硫氰酸钾作用，硫氰酸根可与卤素交换，形成硫代氰酸酯：

$$RX + KSCN \xrightarrow{\text{Cat.}} RSCN + KX$$

表 4 – 3 所示为在固载相转移催化剂作用下卤代烃与硫氰酸钾反应的结果。

表 4 – 3 在固载相转移催化剂作用下卤代烃与硫氰酸钾反应的结果

RX	催化剂	温度/℃	时间/h	产率/%	文献
$n - C_5 H_{11} Br$	$(14) m = 3$	110	2.0	94	[92]
$PhCH_2 Cl$	$(14) m = 3$	110	1.0	95	[92]
$n - BuBr$	$SiO_2 - Si - PEG - 600$	61~62	8.0	67.3	[102]
$n - C_8 H_{17} Br$	(27)	100	20	99	[40]
$p - NO_2 C_6 H_4 Cl$	(47)	92	7.0	60.5	[96]
$p - NO_2 C_6 H_4 CH_2 Br$	(6)	75	4.0	86	[99]
$PhCH_2 Cl$	(65)	90	24	93	[78]
$PhCH_2 Cl$	(6)	75	4.0	59	[99]
$PhCH_2 Br$	$SiO_2 - Si - PEG - 600$	61 – 62	8.0	86.7	[102]

d. 叠氮化物的生成。

卤代烃与叠氮化钠在固载化季鏻盐催化剂 (14) $(m = 3)$ 的作用下，可以发生卤素交换反应生成叠氮化物[92]。

$$RX + NaN_3 \xrightarrow{\text{Cat. (14)}} RN_3 + NaX$$

表 4 – 4 所示为在固载化季鏻盐催化剂作用下卤代烃与叠氮化物反应的结果。

表 4 – 4 在固载化季鏻盐催化剂作用下卤代烃与叠氮化物反应的结果

RX	温度/℃	时间/h	产率/%
$n - C_5 H_{11} Br$	110	0.5	62
$n - C_5 H_{11} Cl$	110	12	50
$CH_3 (CH_2)_2 CHBrCH_3$	110	2	17
$PhCH_2 Cl$	110	1	92

e. 酯的形成。

在质子溶剂中的一般取代反应条件下，羧酸盐阴离子属于最弱的亲核试剂，主要是由于阴离子的强溶剂化作用。在非极性非质子溶剂中，由于相转移催化反应产生的离子对而具有较好的反应活性。

$$RCOO^- + R'CH_2 X \xrightarrow{\text{Cat.}} RCOOCH_2 R' + X^-$$

表 4 – 5 所示为在固载相转移催化剂作用下卤代烃与羧酸盐阴离子反应的结果。

表4-5 在固载相转移催化剂作用下卤代烃与羧酸盐阴离子反应的结果

R	R'CH$_2$X	催化剂	温度/℃	时间/h	产率/%	文献
CH$_3$	n-BuBr	(47)	100	3.0	80.0	[96]
CH$_3$	n-BuBr	CPVC-PEG	100	3.0	69.0~75.0	[68]
CH$_3$	n-C$_5$H$_{11}$Br	(14)m=3	110	8.0	70.0	[92]
CH$_3$	n-C$_8$H$_{17}$Br	(48)n=8,R=H	80	24	89	[59]
CH$_3$	PhCH$_2$Cl	(14)m=3	110	8.0	81.0	[92]
CH$_3$	PhCH$_2$Cl	(47)	130	10.0	71.6	[65]
CH$_3$	PhCH$_2$Br	(47)	110	10.0	74.2	[90]
Ph	PhCH$_2$Br	(23)	48~50	8.0	73.6	[35]
CH$_3$	PhCH$_2$Br	SiO$_2$—Si—O—PEG-600	61~62	5.0	82.6	[102]

f. 硫醚的形成。

硫化物和硫醇盐的阴离子属于强亲核试剂。这些阴离子能够被季锇盐的反电性离子或聚乙二醇络合阳离子方便地从水相萃取到有机相而参与反应。

$$RX + PhS^- \xrightarrow{Cat.} RSPh + X^-$$

表4-6所示为在固载相转移催化剂作用下卤代烃与硫醇盐反应的结果。

表4-6 在固载相转移催化剂作用下卤代烃与硫醇盐反应的结果

RX	溶剂	催化剂	温度/℃	时间/h	产率/%	文献
n-C$_8$H$_{17}$Br	甲苯	(27)	110	3.0	99	[40]
n-C$_5$H$_{11}$Br	水	(21)	110	0.2	90~98	[34]
n-C$_5$H$_{11}$Br	水	(22)	110	0.2	80~90	[34]
n-C$_5$H$_{11}$Br	水	(14)m=3	110	0.2	83	[92]
n-C$_5$H$_{11}$Cl	水	(14)m=3	110	0.2	87	[92]
n-C$_5$H$_{11}$I	水	(14)m=3	110	0.5	98	[92]

$$2RX + Na_2S \xrightarrow{Cat.} RSR + 2NaX$$

表4-7所示为在固载相转移催化剂作用下卤代烃与硫化钠反应的结果。

表4-7 在固载相转移催化剂作用下卤代烃与硫化钠反应的结果

RX	催化剂	温度/℃	时间/h	产率/%	文献
n-C$_5$H$_{11}$Br	(14)m=3	110	1.5	98	[92]
PhCH$_2$Cl	(14)m=3	110	0.5	98	[92]
n-C$_7$H$_{15}$Cl	(14)m=4	110	8.0	74	[93]

RX	催化剂	温度/℃	时间/h	产率/%	文献
$PhCH_2Cl$	(47)	92	7.0	88.8	[96], [90]
$PhCH_2Cl$	(6)	75	4.0	73	[99]
$p-NO_2C_6H_4CH_2Br$	(6)	75	4.0	57	[99]
$p-NO_2C_6H_4Cl$	(6)	75	4.0	74	[99]

（2）外加碱时的取代反应。

很多弱酸的反应底物作为亲核试剂，首先一步必须要进行去质子化，通常情况下需要用昂贵的强碱（金属钠、氨基钠、醇钠及金属氢化物等）和无水溶剂（无水醚、二甲亚砜、二甲基甲酰胺等）。若采用相转移催化，在许多情况下可以使操作简单，并因具有高度选择性而可获得较高得率的纯品。

a. 醚的制备。

钟宁等利用多铵型固载相转移催化剂（24）使苯酚与溴乙烷在 NaOH 溶液中反应得到高产率的苯乙醚[35]：

$$PhOH + EtBr \xrightarrow[\text{40 min, 38~40 ℃}]{\text{Cat. (14), 50\% NaOH}} PhOEt + HBr$$

在固载化季𬭸盐、聚乙二醇及𬭩盐作用下，酚钠也可与卤代烃反应生成酚醚：

$$PhONa + RBr \xrightarrow{\text{Cat.}} PhOR + NaBr$$

表 4 – 8 所示为在固载相转移催化剂作用下卤代烃与苯酚钠反应的结果。

表 4 – 8　在固载相转移催化剂作用下卤代烃与苯酚钠反应的结果

RBr	催化剂	温度/℃	时间/h	产率/%	文献
$n-BuBr$	(47)	90	15	91	[65]
$n-BuBr$	(4)	90	10	97	[94]
$n-C_8H_{17}Br$	(27)	100	20	76	[40]
$n-C_5H_{11}Br$		110	10	7	[34]
$n-C_5H_{11}Br$	(21)	110	10	90	[34]
$n-C_5H_{11}Br$	(22)	110	10	85	[34]

Chiles 等人曾用催化剂（14）对芳醚的合成进行了一系列研究[92]：

$$ArONa + RX \xrightarrow[\text{110 ℃}]{\text{Cat. (14)}} ArOR + NaX$$

表 4 – 9 所示为在固载相转移催化剂作用下卤代烃与酚盐反应的结果。

表 4 - 9　在固载相转移催化剂作用下卤代烃与酚盐反应的结果

RX	ArO⁻	时间/h	产物	产率/%
$n - C_5H_{11}Br$	PhO^-	1	$n - C_5H_{11}OPh$	81
$n - C_5H_{11}Cl$	PhO^-	12	$n - C_5H_{11}OPh$	70
$n - C_5H_{11}I$	PhO^-	4.5	$n - C_5H_{11}OPh$	90
$PhCH_2Cl$	PhO^-	1	$PhCH_2OPh$	72
$(CH_3)_2CHCH_2CH_2Br$	PhO^-	2.2	$(CH_3)_2CHCH_2CH_2OPh$	75
$n - C_5H_{11}Br$	邻苯二酚盐 $\begin{smallmatrix}O^-\\O^-\end{smallmatrix}$	1	$\begin{smallmatrix}OC_5H_{11}-n\\OC_5H_{11}-n\end{smallmatrix}$	58
$n - C_5H_{11}Br$	$\begin{smallmatrix}O^-\\CH(CH_3)_2\end{smallmatrix}$	3	$\begin{smallmatrix}OC_5H_{11}-n\\CH(CH_3)_2\end{smallmatrix}$	86
$n - C_5H_{11}Br$	$H_3C-\begin{smallmatrix}Bu-t\\O^-\\Bu-t\end{smallmatrix}$	3	$H_3C-\begin{smallmatrix}Bu-t\\OC_5H_{11}-n\\Bu-t\end{smallmatrix}$	0
CH_2Br_2	$\begin{smallmatrix}O^-\\O^-\end{smallmatrix}$	2	$\begin{smallmatrix}O\\O\end{smallmatrix}CH_2$	10

俞善信等曾利用聚苯乙烯固载聚乙二醇 600(PS - PEG - 600)和氯化聚氯乙烯固载聚乙二醇 400 和 600(CPVC - PEG - 400, CPVC - PEG - 600)催化 Williamson 法合成脂肪醚和芳氧乙酸[68,96]：

$$ROH + XR' \xrightarrow[\text{NaOH(aq)}]{\text{Cat.}} R'OR + HX$$

表 4 - 10 所示为在固载相转移催化剂作用下卤代烃与醇反应的结果。

表 4 - 10　在固载相转移催化剂作用下卤代烃与醇反应的结果

R	R′X	温度/℃	时间/h	收率/%		
				PS - PEG - 600	CPVC - PEG - 400	CPVC - PEG - 600
CH_3	$n - BuBr$	60~64	5.0	43.2~51.1	29.0	36.9
C_2H_5	$n - BuBr$	75~77	5.0	53.9~58.8	50.0	53.9
CH_3	$PhCH_2Cl$	64~72	2.0	51.6~63.9	46.3	43.4
C_2H_5	$PhCH_2Cl$	73~78	2.0	57.4~61.0	53.7	53.0
$n - Bu$	$PhCH_2Cl$	92~95	2.0	68.1~71.4	58.5	63.4
Ph	$ClCH_2COOH$	100	7.0	85.5	83.4	75.0
$p - CH_3C_6H_4$	$ClCH_2COOH$	100	7.0	63.2	79.1	83.1
$m - CH_3C_6H_4$	$ClCH_2COOH$	100	7.0	69.3	78.8	81.6
$o - CH_3C_6H_4$	$ClCH_2COOH$	100	7.0	66.3	88.7	90.4

张新迎等在文献[96]方法的基础上进一步合成了 8 种苄基醚[97]：

$$ROH + PhCH_2Cl \xrightarrow[\text{NaOH/H}_2\text{O, 2 h}]{\text{PS}-\text{PEG}-400} PhCH_2OR + HCl$$

其中 R = CH$_3$（89%），C$_2$H$_5$（83%），n - C$_3$H$_7$（79%），n - C$_4$H$_9$（77%），n - C$_5$H$_{11}$（72%），n - C$_6$H$_{13}$（74%），n - C$_7$H$_{15}$（73%），n - C$_8$H$_{17}$（71%）。

俞善信等利用 PS - PEG - 600 也成功地合成了对硝基苯甲醚[105]：

$$O_2N-\bigcirc-Cl + CH_3OH \xrightarrow[\text{NaOH, 60~70 ℃, 7 h}]{\text{PS}-\text{PEG}-600} O_2N-\bigcirc-OCH_3 + HCl$$
$$98\%$$

杨桂春利用聚苯乙烯固载的季铵盐（1）和季鳞盐（8）催化合成了苯氧乙酸[22]：

$$PhOH + ClCH_2COOH \xrightarrow[\substack{\text{NaOH/H}_2\text{O} \\ \text{PhCH}_3\text{, 85 ℃, 2 h}}]{\text{Cat (1) or (8)}} PhOCH_2COOH + HCl$$
$$89.5\% \sim 90.5\%$$

卿凤翎和曾国蓉也利用催化剂（47）催化合成了芳氧乙酸[98]：

$$ArOH + ClCH_2COOH \xrightarrow[\text{NaOH/H}_2\text{O}]{\text{Cat (47)}} ArOCH_2COOH + HCl$$

表 4 - 11 所示为在固载相转移催化剂作用下酚与氯乙酸反应的结果。

表 4 - 11　在固载相转移催化剂作用下酚与氯乙酸反应的结果

Ar	温度/℃	时间/h	产率/%
〔苯基〕	85	6.0	85.4
〔萘基〕	85	7.0	78.2
CH$_3$O—〔苯基〕	85	7.0	75.0
〔二氯苯基〕	75	4.0	90.5

本法克服了经典的 Williamson 法合成脂肪醚需要金属钠和无水溶剂的缺点，而且醚收率不低于 Williamson 法。

李源勋等人采用固载的季铵盐催化合成了芳醚和苄醚[100]：

$$ArOH + Ar'X \xrightarrow[\text{NaOH/H}_2\text{O, 85℃}]{\text{Cat(6)}} ArOAr' + HCl$$

表 4 - 12 所示为在固载化的季铵盐催化剂作用下芳卤与酚反应的结果。

表 4 - 12   在固载化的季铵盐催化剂作用下芳卤与酚反应的结果

Ar	Ar′X	时间/h	产率/%
Ph	PhCH₂Cl	4	76.1
Ph	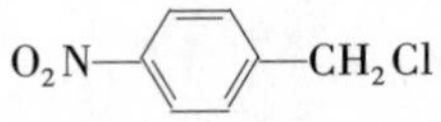 O₂N—◯—CH₂Cl	4	69.9
Ph	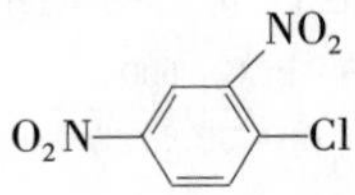 O₂N—◯(NO₂)—Cl	4	83.1
p – CH₃C₆H₄—	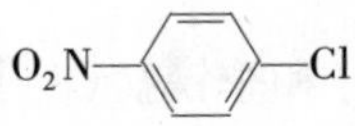 O₂N—◯—Cl	8	75.7
p – CH₃C₆H₄—	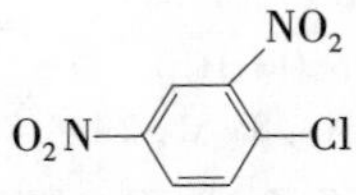 O₂N—◯(NO₂)—Cl	8	84.5

徐明全也利用固载季铵盐催化剂(6)合成了对甲苯丙醚[101]:

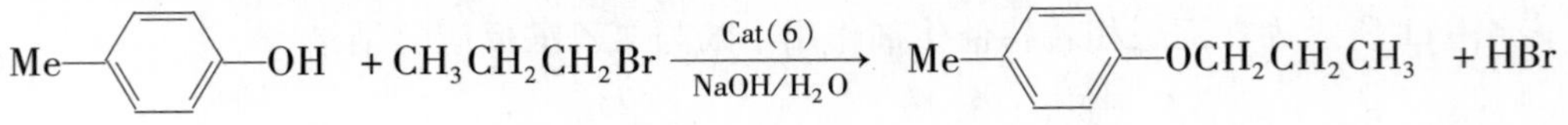

Me—◯—OH + CH₃CH₂CH₂Br $\xrightarrow[NaOH/H_2O]{Cat(6)}$ Me—◯—OCH₂CH₂CH₃ + HBr
77.3%

b. N – 烃基化反应。

胺是一类碱性的有机化合物,要发生 N – 烃基化相当困难,通常的碱均不足以使非活化的胺去质子。然而,如果—NH 基团通过邻近吸电子基团使 N 上的 H 酸性增强,就有可能进行去质子化作用。酰胺就提供了这种可能性。

酰胺 N – 烃基化反应的经典方法是氢化钠或醇钠为碱,与酰胺作用,脱去酰胺氮上质子,再参与反应。相转移催化技术的发展,使得可以用 KOH、NaOH 或 K₂CO₃、NaCO₃ 等碱,就可以脱去酰胺氮上质子而有利于 N – 烃基化反应的进行。

俞善信等利用聚苯乙烯固载聚乙二醇(47)催化乙酰苯胺 N – 烷基化获得良好结果:

PhNHCOMe + RX $\xrightarrow{Cat(47)KOH(s)/PhCH_3}$ Ph—N—COMe + HX
                                          |
                                          R

表 4 - 13 所示为在固载相转移催化剂作用下卤代烃与乙酰苯胺反应的结果。

表 4 - 13   在固载相转移催化剂作用下卤代烃与乙酰苯胺反应的结果

RX	催化剂	温度/℃	时间/h	收率/%	文献
Me₂SO₄	PS – PEG – 400	110	2.0	85.6	[103]
EtI	PS – PEG – 400	90	2.0	81.5	[103]
EtBr	PS – PEG – 600	100	4.0	68.9	[90]
n – BuBr	PS – PEG – 400	100	10.0	80.3	[103]
n – BuBr	PS – PEG – 600	120	8.0	82.0	[82]

俞善信等也研究了催化剂(47)催化己内酰胺的 N - 正丁基化反应[103]:

$$\text{（己内酰胺）} + n\text{-BuBr} \xrightarrow[\text{KOH(s)/PhCH}_3]{\text{PS-PEG-400}} \text{（N-Bu-}n\text{）} + \text{HBr}$$

84.3%

邻苯二甲酰亚胺在固载化的鏻盐及聚乙二醇催化剂作用下也可发生 N - 烃基化反应:

$$\text{（邻苯二甲酰亚胺-NH）} + \text{RX} \xrightarrow{\text{Cat.}} \text{（邻苯二甲酰亚胺-NR）} + \text{HX}$$

表 4 - 14 所示为在固载相转移催化剂作用下卤代烃与邻苯二甲酰亚胺反应的结果。

表 4 - 14　在固载相转移催化剂作用下卤代烃与邻苯二甲酰亚胺反应的结果

RX	催化剂	反应条件	收率/%	文献
PhCH$_2$Cl	(19)	60 ℃, 2.7 h, 甲苯	95	[31]
CH$_2$=CHCH$_2$Br	PS - PEG - 400	70~73 ℃, 5.0 h, K$_2$CO$_3$, KF, CH$_3$CN	60.0	[104]
PhCH$_2$Cl	PS - PEG - 400	120~124 ℃, 5.0 h, K$_2$CO$_3$, KF, CH$_3$CN	79.7	[104]
ClCH$_2$COOEt	PS - PEG - 400	120~124 ℃, 5.0 h, K$_2$CO$_3$, KF, CH$_3$CN	82.2	[104]
ClCH$_2$COOEt	(67)	120 ℃, 5.0 h, K$_2$CO$_3$, KF, CH$_3$CN	85.6	[101]

低交联的聚苯乙烯固载的辛可宁季铵盐可用作手性相转移催化剂催化消旋的 2 - 溴代烷酸酯与邻苯二甲酰亚胺钾反应生成 N - 手性烷酸酯邻苯二甲酰亚胺,光学收率可达20%[106]。

$$\text{（邻苯二甲酰亚胺-NK）} + \text{R-}\underset{\underset{\text{Br}}{|}}{\overset{\overset{\text{H}}{|}}{\text{C}}}\text{-COOEt} \xrightarrow{\text{Cat(67)}} \text{（邻苯二甲酰亚胺）N-}\overset{\overset{\text{R}}{|}}{\underset{\underset{\text{H}}{|}}{\text{C*}}}\text{-COOEt}$$

咔唑虽不是酰胺,但—NH 基团的邻近有吸电子的芳环,因而也能利用相转移催化 N - 烷基化[107]:

$$\text{（咔唑 N-H）} + \text{RX} \xrightarrow[\text{KOH(s)/PhCH}_3]{\text{Cat(47)}} \text{（咔唑 N-R）} + \text{HX}$$

表 4 - 15 所示为在固载相转移催化剂作用下卤代烃与咔唑反应的结果。

表 4 – 15　在固载相转移催化剂作用下卤代烃与咔唑反应的结果

RX	温度/℃	时间/h	收率/%
n – BuBr	100	4.0	94.6
EtI	65	6.0	95.9

吗啉和哌啶在固载化聚乙二醇 400 和助催化剂 NaF 及 Cu₂Cl₂ 作用下，可以与 2 – 氯 – 5 – 硝基苯甲醚作用合成两种重要的重氮感光材料中间体[90, 108]：

$$O_2N-C_6H_3(OCH_3)-Cl + HN\text{O} \xrightarrow[150℃,\ 9.5\ h,\ Na_2CO_3]{PS-PEG-400} O_2N-C_6H_3(OCH_3)-N\text{O} + HCl$$

93.2%

$$O_2N-C_6H_3(OCH_3)-Cl + HN \xrightarrow[150℃,\ 3.8\ h,\ NaF,\ Cu_2Cl_2]{PS-PEG-400} O_2N-C_6H_3(OCH_3)-N + HCl$$

65.1%

c. 活性 C—H 键的 C – 烷基化反应。

由于有机合成上的重要性，负碳离子的相转移烷基化反应研究很广泛，它为碳链增长提供了极为方便的方法。

苯乙腈在浓 KOH 或浓 NaOH 溶液中，利用固载化季铵盐或固载聚乙二醇，可方便地发生烷基化反应：

$$PhCH_2CN + RX \xrightarrow{Cat.} Ph-\underset{R}{\overset{H}{C}}-CN + HX$$

表 4 – 16 所示为在固载相转移催化剂作用下卤代烃与苯乙腈反应的结果。

表 4 – 16　在固载相转移催化剂作用下卤代烃与苯乙腈反应的结果

RX	催化剂	碱	温度/℃	时间/h	收率/%	文献
EtBr	（1）	NaOH	70	7.0	100	[76]
n – BuBr	（47）	NaOH	20	5.0	88	[65]
n – BuBr	（47）	KOH	76	5.0	85.4	[109]

乙酰乙酸乙酯及丙二酸酯的烃基化反应在有机合成中很重要。利用具有固定环状结构，又是固体的丙二酸亚异丙酯进行烃基化，在操作上更加方便。俞善信等发现，丙二酸亚异丙酯在聚苯乙烯固载聚乙二醇 600 催化下，可以顺利地发生 C – 烃基化反应[90]：

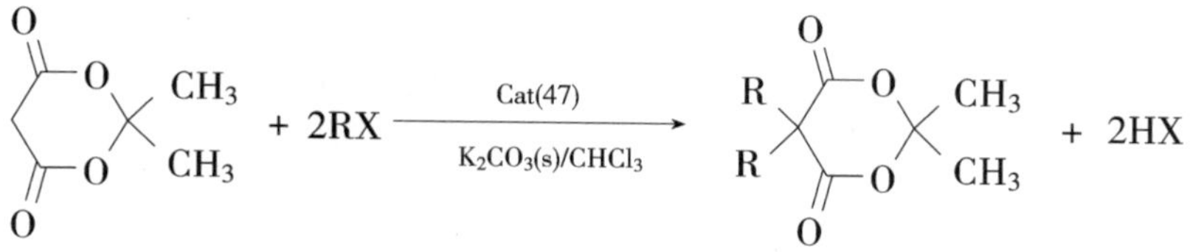

表4－17所示为在固载相转移催化剂作用下卤代烃与丙二酸亚异丙酯反应的结果。

表4－17 在固载相转移催化剂作用下卤代烃与丙二酸亚异丙酯反应的结果

RX	温度/℃	时间/h	收率/%
CH_3I	50～60	4.0	82.0
EtBr	50～60	6.0	79.5
n－BuBr	50～60	8.0	74.8
$PhCH_2Br$	50～60	2.5	92.5

β－酮砜由于具有双重活性中心，与反电性离子(如固载化季铵盐)组成的离子对能容易被萃取，也容易发生C－烷基化反应[110]：

$$PhSO_2CH_2COPh + RX \xrightarrow[\text{THF, 50\% NaOH}]{\text{Cat(6)}} PhSO_2—\overset{H}{\underset{R}{C}}—COPh + HX$$

57%～98%

苄基酮也具有双重活性中心，在固载化相转移催化剂作用下也能发生C－烷基化反应[28]：

$$PhCH_2COMe + RX \xrightarrow{\text{Cat(14)}, m=6} Ph—\overset{H}{\underset{R}{C}}—COMe + HX$$

4.4.2 在缩合反应中的应用

(1)假性紫罗兰酮的合成。

假性紫罗兰酮是香料紫罗兰酮的前驱体，通常是在稀氢氧化钠溶液中(或弱碱性条件下)，由柠檬醛和丙酮缩合而成，但收率较低。俞善信等发现采用聚苯乙烯固载聚乙二醇催化，可以使其收率提高23%[90]。

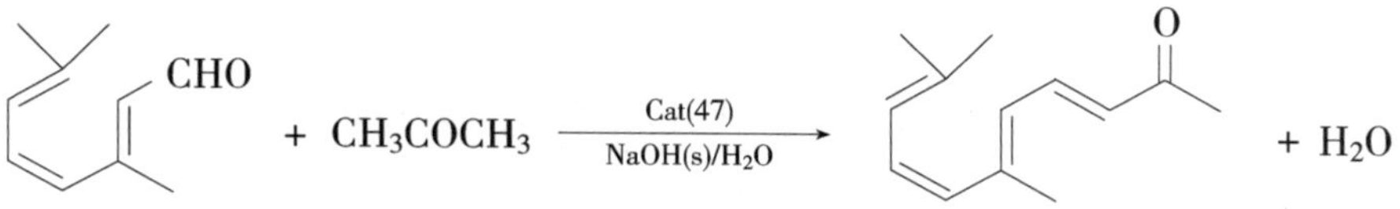

80.8%

(2)达桑(Darzen)缩合反应。

醛或酮在强碱存在下与α－卤代酸酯作用，生成α，β－环氧酸脂的反应，称为Darzen反应。这里除α－卤代酸酯外，α－卤代酮、α－卤代腈、α－卤代砜等均可应用，常用的碱是醇钠。

在相转移催化条件下应用固载手征性相转移催化剂催化 Darzen 反应可以得到光学活性的环氧化合物。Colonna 等人按类似的反应条件研究了一系列的羰基化合物与氯甲基对甲苯基砜的反应[77]：

$$\text{RCOR}' + p\text{-CH}_3\text{C}_6\text{H}_4\text{SO}_2\text{CH}_2\text{Cl} \xrightarrow[\text{CH}_3\text{CN, 50\%NaOH(aq)}]{\text{Cat(59)}} \text{环氧化合物}$$

其中 R，R′ = Me，Et。

采用固载化甲基麻黄素催化此反应，其不对称诱导效果明显高于非固载的甲基麻黄素。

利用手征性催化剂催化苯甲醛与 α - 氯代腈的反应，形成环氧化物时几乎没有例外地形成 Z - 构型的化合物：

$$\text{PhCHO} + \text{Ph-}\underset{\text{CN}}{\overset{\text{H}}{\text{C}}}\text{-Cl} \xrightarrow[\text{50\%NaOH}]{\text{Cat(59)}} \text{环氧化合物}$$

$$Z : E = 95 : 5$$

利用固载聚乙二醇甲醚也能催化此反应[59]：

$$\text{PhCOPh} + \text{H}_2\text{C-}\underset{\text{CN}}{\text{Cl}} \xrightarrow[\text{NaOH}]{\text{Cat(48), } n=8, \text{R=H}} \text{环氧化合物}$$

$$61\%$$

4.4.3　在 β - 消除反应中的应用

邻二溴代烷在固载季铵盐的作用下，可以脱去卤素形成不饱和化合物[94]：

$$\text{RCHBr-CHBrR}' \xrightarrow[\text{NaI/Na}_2\text{S}_2\text{O}_3 \cdot 5\text{H}_2\text{O}]{\text{Cat(5)，溶剂}} \text{RCH}=\text{CHR}'$$

表 4 - 18 所示为在固载季铵盐催化剂作用下邻二卤代烷发生消除反应的结果。

表 4 - 18　在固载季铵盐催化剂作用下邻二卤代烷发生消除反应的结果

RCHBr—CHBrR′	温度/℃	时间/h	收率/%
dl - PhCHBr—CHBrPh	110	40	35(反式)，49(顺式)
Ph—Br Br—Ph（顺式结构）	110	12	100(反式)

在此反应中，内消旋或赤式的底物反应快，仅产生反式烯烃，而 d，l 的非对映体或苏式化合物则转化成顺式或反式烯烃的混合物。

4.4.4　在加成反应中的应用

（1）二氯卡宾的加成。

二氯卡宾的研究是经典性基础课题，关于二氯卡宾的产生及其加成反应，有过不少文献报道。而固载化相转移催化剂在这方面的应用并不多，近期已发现，利用固载化的季铵盐、聚乙二醇及冠醚能够催化二氯卡宾的产生并参与烯键的加成：

$$\ce{>C=C<} + HCCl_3 \xrightarrow[\text{NaOH}]{\text{Cat.}} \underset{\text{Cl Cl}}{\triangle}$$

表 4 – 19 所示为在固载相转移催化剂作用下二氯卡宾与烯烃反应的结果。

表 4 – 19　在固载相转移催化剂作用下二氯卡宾与烯烃反应的结果

$\ce{>C=C<}$	催化剂	温度/℃	时间/h	产率/%	文献
$\ce{PhCH=CH2}$	（1）	40	5.0	96	[76]
$\ce{PhCH=CH2}$	（41）	20	1.0	94	[51]
$\ce{PhCH=CH2}$	（42）	20	1.0	100	[51]
（Ph—CH=CH—CH3）	（5）	25	48	100（反式）	[94]
（环己烯）	（48）$n = 8$, $R = H$	25	3.4	100	[59]
（环己烯）	（47）	25	3.0	85.4	[109]
（环己烯）	（65）	25	40	90	[79]

在固载化手性季铵盐的催化下，二氯卡宾能与苯甲醛加成合成手征性的苦杏仁酸[76]：

$$\ce{PhCHO} + HCCl_3 \xrightarrow[\text{NaOH, 56℃, 2 h}]{\text{Cat(61)}} Ph\underset{\underset{OH}{|}}{\overset{\overset{H}{|}}{C^*}}COOH$$

71%

当采用 Cat(65)时，反应 1~2 h，苦杏仁酸得率为 67.1%，光学产率为 2.1%[79]。

（2）麦克尔（Michael）加成反应。

含有吸电子基团 Z' 的亲电的共轭体系（受体，$\ce{-C=C-Z'}$）与一个在碱作用下能形成负碳离子的化合物（给体，$\ce{Z-CH2}$）进行的共轭加成反应叫 Michael 加成，整个过程是通过 1,4 加成，再异构化成所得产物。

$$\ce{Z-CH2} + \ce{-C=C-Z'} \xrightarrow{\text{碱}} \ce{Z-C-C-C-Z'}$$

其中 Z 或 $Z' = CHO, COR, COOR, CONH_2, CN, NO_2, SO_2R$ 等。

Fiandanese 发现硝基乙酸甲酯在 Amberlite IRA（OH⁻）催化下能发生 Michael 加成反应[112]：

$$—C{=}C—X + NO_2CH_2COOMe \xrightarrow[\text{THF，回流}]{\text{Amberlite IRA（OH⁻）}} MeOCO—\overset{H}{\underset{NO_2}{C}}—\overset{\,}{\underset{H}{C}}—C—X$$

表 4 – 20 所示为在 Amberlite IRA（OH⁻）催化下硝基乙酸甲酯发生 Michael 反应的结果。

表 4 – 20　在 Amberlite IRA（OH⁻）催化下硝基乙酸甲酯发生 Michael 反应的结果

—C=C—X	时间/h	产率/%
CH₂ = CHCOOMe	26	75
CH₂ = CHCN	20	62

使用固载化手性相转移催化剂对 Michael 加成进行不对称诱导，亦可获得光学活性的产物，例如：

$$\text{（茚酮）—COOMe} + H_2C{=}CH—\overset{\,}{\underset{O}{C}}—Me \xrightarrow{\text{Cat(62)}} \text{（茚酮）}\overset{COOMe}{\underset{CH_2CH_2COMe}{}}$$

该反应光学产率 27%。

4.4.5　在水解反应中的应用

相转移催化剂的作用，对于卤代烃及酯的水解都是有利的，但是一般情况下意义不大，因为一方面增加了成本，另一方面有时难以得到理想的结果。例如，在 PTC 条件下，将卤代烷水解，往往醚为主要产物。因此，相转移催化下的水解多用于有空间位阻不易水解的酯或卤代烃，以及对一般条件下水解敏感的化合物。

Regen 利用固载化共溶剂型催化剂(58)，在碱性条件下使 1 – 溴金刚烷 110 ℃反应 10 h，水解产物产率达 88%[72]。俞善信等利用聚苯乙烯固载聚乙二醇及氯化聚氯乙烯固载聚乙二醇催化水解蜂蜡制备三十烷醇的收率也由一般方法的 18% 提高到 25% ~ 26%，所用碱量大大减少，反应时间大大缩短[68, 96, 113]。曾广建等利用聚乙二醇 – 季铵盐双中心催化剂(66)，顺利地使对酸碱敏感的山梨酸乙酯水解，收率为 89% ~ 91%[81]。

4.4.6　在氧化 – 还原反应中的应用

许多无机氧化剂可以借助催化剂转移到有机相里，加速氧化反应的进行。醇在甲苯溶液中与 10% 次氯酸钠混合，季铵盐能催化醇氧化成相应的醛或酮。用固载化季铵盐催化剂(4)能使醇发生氧化[72]。

$$RR'CHOH \xrightarrow[\text{NaClO（aq）}]{\text{Cat(4)}} RCOR'$$

表 4 – 21 所示为在固载化季铵盐催化剂作用下二级醇氧化反应的结果。

表 4 - 21　在固载化季铵盐催化剂作用下二级醇氧化反应的结果

RR'CHOH	温度/℃	时间/h	产率/%
PhCH₂OH	50	50	51
环十二醇	50	70	34

硅胶固载的季鏻盐、固载不溶性共溶剂型催化剂及固载手性催化剂具有萃取硼氢化钠溶液中 BH_4^- 的能力，而催化酮的还原：

$$RCOR' \xrightarrow[NaBH_4]{Cat.} RCH(OH)R'$$

表 4 - 22 所示为在固载相转移催化剂作用下酮还原反应的结果。

表 4 - 22　在固载相转移催化剂作用下酮还原反应的结果

RCOR'	催化剂	温度/℃	时间/h	产率/%	文献
$n - C_6H_{13}COMe$	(19)	25	1.5	96	[31]
$n - C_6H_{13}COMe$	(57)	25	3.0	>95	[73]
PhCOMe	(57)	25	3.0	88	[73]
PhCOMe	(62)	80	1.5	76	[78]

金鑫等利用手征性固载催化剂(62)和(63)催化 $NaBH_4$ 还原潜手性酮 PhCOR 获得一定效果[114]。

表 4 - 23 所示为手征性固载催化剂催化 $NaBH_4$ 还原潜手性酮反应的结果。

表 4 - 23　手征性固载催化剂催化 $NaBH_4$ 还原潜手性酮反应的结果

R	催化剂	反应温度/℃	反应时间/h	化学产率/%	光学产率/%
CH_3	(63)	25	20	76.2	0.69
CH_3	(63)	5	142	44.6	1.38
CH_3	(63)	25	17	65.8	2.16
C_2H_5	(63)	5	142	26.1	6.16
C_2H_5	(63)	25	65	52.6	0.78
$CH(CH_3)_2$	(63)	25	146	20.5	0.77

黄锦霞等采用手征性固载催化剂(64)催化 $NaBH_4$ 还原潜手性酮 PhCOMe，得苯乙醇，化学产率为95%，光学产率为8.7%[79]。

含羟基和胺基的手性聚合物与氢化铝锂生成的手性络合物能有效地把潜手性的酮还原成手性醇。将麻黄素类似物固载到 PS 树脂上得到手性聚合物与氢化铝锂和非手性的 3，5 - 二甲基苯酚可形成一种手性聚合物的氢化物络合物：

当聚合物功能基容量 0.7 mmol/g 时，还原苯乙酮，产物的对映体可达 78.8%[115]。

4.4.7　在其他反应中的应用

（1）二茂铁的合成。

二茂铁是重要的金属有机化合物，经典方法中均采用氮气保护下进行，但操作麻烦。俞善信等发现采用聚苯乙烯固载聚乙二醇能够有效地催化合成二茂铁，只要采用乙醚赶走空气，室温下反应，操作方便，且收率大大提高[89, 96]：

（2）酰胺的合成。

陈继畴等对固载化的季鏻盐催化合成酰胺进行了系统研究，发现产率与所用底物结构有密切关系[116]：

表 4-24 所示为固载季鏻盐催化剂催化合成酰胺的反应结果。

表 4-24　固载季鏻盐催化剂催化合成酰胺反应的结果

Ar	产率/%	Ar	产率/%
	98.1	Br	78.3
Me	78.9	Cl	73.2
Me	90.3		85.6

Ar	产率/%	Ar	产率/%
(O₂N，邻甲基苯基)	90.2	(2-甲基萘基)	85.6
(O₂N，对甲基苯基)	76.1	(2-甲基噻唑基)	74.4

（3）1 - 苯基 - 5 - 巯基四氮唑的合成。

本化合物是彩色显影液中一种常用的摄影防灰雾剂。黎碧娜等采用聚合物固载季铵盐为催化剂，以苯胺、二硫化碳、氨水、叠氮化钠为原料，成功地合成了本化合物，收率比其他方法提高约 20%[117]：

82.1%

（4）接肽性能。

我国学者蒋英、李赫等人，根据 Merrifield 开创的固相多肽合成方法，用合成的 PEG 树脂（47）为载体，合成了模型肽 L - 亮氨酸 - L - 精氨酸 - L - 丝氨酸 - L - 酪胺酸 - L - 甘氨酸树脂，并测定了每步缩合的转化率，对不同类型树脂的接肽动力学进行了研究[118 - 119]。

（5）三（环氧丙基）异氰尿酸酯的合成。

三（环氧丙基）异氰尿酸酯是一种性能优良的新型环氧化合物，作为聚酯粉末涂料的交联固化剂，具有独特的耐热、耐电弧和耐光老化的优点。黄锦霞等报道了可以利用聚苯乙烯固载的季铵盐催化剂（1）和固载聚乙二醇催化剂（48）催化合成[120]：

Cat（1），收率为 76.5%；Cat（48），收率为 64.2%。

参考文献

[1] Maerker G, Carmichael J F, Port W S. Glycidyl esters. I. Method of preparation and study of some reaction variables 2[J]. Journal of Organic Chemistry, 1961, 26(8): 2681 – 2688.

[2] Brandstrom A, Gustavii K, Sjovall J, et al. Ion pair extraction in preparative organic chemistry. A convenient method for the preparation of salts of amines[J]. Acta Chemica Scandinavica, 1969, 23: 1215 – 1218.

[3] Starks C M. Phase-transfer catalysis. I. Heterogeneous reactions involving anion transfer by quaternary ammonium and phosphonium salts[J]. Journal of the American Chemical Society, 1971, 93(1): 195 – 199.

[4] 黎明. 相转移催化的亲核取代反应[J]. 辽宁师范大学学报(自然科学版), 1987(2): 48 – 53.

[5] 陈艳琴. 相转移催化反应在有机化学合成的应用[J]. 辽宁师范大学学报(自然科学版), 1988(2): 38 – 45.

[6] DehmLow E V, PehmLow S S. 相转移催化作用[M]. 贺贤章, 胡振民, 译. 北京: 化学工业出版社, 1988: 163.

[7] Weber W P, Gokel G W. Phase transfer catalysis in organic synthesis[M]. Berlin: Spring-Verlag, 1977: 152.

[8] Dockx J. Quaternary ammonium compounds in organic synthesis[J]. Synthesis, 1973(08): 441 – 456.

[9] 袁承业. 相转移催化反应——有机合成的新方法[J]. 化学通报, 1978(5): 1 – 9.

[10] 王亨权, 徐宝财, 王向明, 等. 相转移催化法在合成香料中的应用[J]. 精细石油化工, 1986(5): 51 – 55.

[11] 黄宪, 黄志真. 新型相转移催化剂——聚乙二醇及其衍生物[J]. 化学试剂, 1985, 7(1): 20 – 22.

[12] 杨永甲, 皮祖兰. 聚乙二醇相转移催化的 Reimer—Tiemann 反应[J]. 湖南师范大学自然科学学报, 1989, 12(4): 318 – 323.

[13] 康汝洪, 张越, 黄凤臣. 聚乙二醇相转移催化剂在 Perkin 反应中的催化作用[J]. 高等学校化学学报, 1987, 8(12): 1113 – 1117.

[14] 熊丽曾, 俞凌羽中. 聚乙二醇相转移催化作用下 Darzens 酯缩合[J]. 高等学校化学学报, 1986, 7(5): 426 – 429.

[15] 李英俊, 陈继畴, 李名慈. 固—液相转移催化法合成芳氧基乙酸[J]. 西北师范学院学报(自然科学版), 1986(2): 47 – 49.

[16] 陈继畴, 戴瑜嘉, 王兰芳, 等. 相转移催化反应的研究——Ⅲ芳氧基乙酸芳酯的合成[J]. 西北师范大学学报(自然科学版), 1989(1): 43 – 45.

[17] 甘礼雅, 袁桂梅, 陈敏为. 用相转移催化法制取邻 – 二丁氧基苯和邻 – 二异丁氧基苯[J]. 化学世界, 1989(3): 108 – 110.

[18] 俞善信. 聚乙二醇相转移催化制备醚[J]. 化学试剂, 1992, 14(4): 246.

[19] 俞善信, 刘理中, 杨建文. 聚乙二醇催化合成 α – 丁基苯乙腈[J]. 湖南师范大学自然科学学报, 1993, 16(2): 156 – 159.

[20] Merrifield R B. Solid-phase peptide synthesis. 3. An improved synthesisof bradykinin[J]. Biochemistry, 1964, 3(3): 1385.

[21] Gisin B F, Merrifield R B. Synthesis of a hydrophobic potassium binding peptide[J]. Journal of the American Chemical Society, 1972, 94(17): 6165 – 6170.

[22] 杨桂春. 聚合物催化剂相转移催化植物生长调节剂 PCP—A 的合成——中间体苯氧乙酸的合成方法探讨[J]. 湖北大学学报(自然科学), 1992, 14(1): 77 – 80.

[23] Kondo S, Mori T, Kunisada H et al. Synthesis of polymer-supported tetraphenylphosphonium bromides as effective phase-transfer catalysts at alkaline conditions[J]. Makromol Chem Rapid Commun, 1990, 11(7):

309 – 313.

[24] Chiles M S, Reeves P C. Phase transfer catalysts anchored to polystyrene[J]. Tetrahedron Letters, 1979, 20 (36): 3367 – 3370.

[25] Tomoi M, Kori N, Kakiuchi H. A novel one-pot synthesis of spacer-modified polymer supports and phase-transfer catalytic activity of phosphonium salts bound to the polymer supports[J]. Reactive Polymers, Ion Exchangers, Sorbents, 1985, 3(4), 341 – 349.

[26] Olak G A. Friedel-Crafts chemistry[M]. New York: Wiley-Interscince, 1973: 172, 442.

[27] House H O, Jones V K, Frank G A. The chemistry of carbanions. VI. Stereochemistry of the Wittig reaction with stabilized ylids[J]. Journal of Organic Chemistry, 1964, 29(11): 237.

[28] Mcmanus S P, Olinger R D. Reaction of cyclic halonium ions and alkylene dihalides with polystyryllithium. Preparation of haloalkylated polystyrene[J]. The Journal of Organic Chemistry, 1980, 45(13): 2717 – 2719.

[29] Tomoi M, Ogawa E, Hosokawa Y, et al. Novel synthesis of spacer-modified polymer supports and activity of phase-transfer catalysts derived from the polymer supports[J]. Journal of Polymer Science Polymer Chemistry Edition, 1982, 20(10): 3015 – 3019.

[30] 徐明全, 梁致诚. 新型季铵盐型三相催化剂的合成及其相转移催化性能的研究[J]. 化学试剂, 1992, 14 (6): 371 – 372.

[31] Molinari H, Montanari F, Tundo P. Heterogeneous phase-transfer catalysts: high efficacy of catalysts bonded by a long chain to a polymer matrix[J]. Journal of the Chemical Society, Chemical Communications, 1977, 99: 639 – 641.

[32] Tundo P, Venturello P. Synthesis, catalytic activity, and behavior of phase-transfer catalysts supported on silica gel. Strong influence of substrate adsorption on the polar polymeric matrix on the efficiency of the immobilized phosphonium salts[J]. Journal of the American Chemical Society, 1979, 101(22): 6606 – 6613.

[33] Tundo P, Venturello P, Angeletti E. Phase transfer catalysts immobilized and adsorbed on alumina and silica gel [J]. Journal of the American Chemical Society, 1982, 104(24): 6551 – 6555.

[34] John P I, Ronald W, Sherre Y, et al. Polymer-supported "multi-site" phase transfer catalysts[J]. Synthetic Communications, 1983, 13(2): 139 – 144.

[35] 钟宁, 梁致诚. 新型高分子相转移催化剂——多铵型催化剂的合成及其催化性能研究[J]. 高分子学报, 1989(5): 624 – 627.

[36] Garcia B J, Leopold A, Gokel G W. Tertiary amine oxides as phase transfer catalysts for substitution and dichlorocyclopropanation reactions[J]. Tetrahedron Letters, 1980, 21(22): 2115 – 2118.

[37] Kondo S, Nakanishi M, Tsuda K. Catalytic effect of polymers containing pyridylthio group along the main chain in two-phase reactions[J]. Journal of Polymer Science Polymer Chemistry Edition, 1985, 23(2): 581 – 584.

[38] Kondo S, Tsuda K. Syntheses of poly(vinylsulfonium salts)[J]. Journal of Polymer Science Part A, Polymer Chemistry Edition 1977, 15(7): 1779 – 1783.

[39] Ogura K, Kondo S, Tsuda K, et al. Preparation and free radical polymerization of dimethyl-p-vinylphenylsulfonium tetrafluoroborate[J]. Journal of Polymer Science Polymer Chemistry Edition, 1981, 19 (3): 843 – 848.

[40] Kondo S, Hasegawa T, Tsuda K, et al. Synthesis of insoluble polystyrenes containing triphenylsulfonium salt moieties as phase transfer catalysts[J]. Journal of Polymer Science Part A, 1990, 28(10): 2877 – 2879.

[41] Cinouini M, Colonna S, Molinari H, et al. Heterogeneous phase-transfer catalysts: onium salts, crown ethers, and cryptands immobilized on polymer supports [J]. Journal of the Chemical Society, Chemical Communications, 1976(11): 394 – 396.

[42] Anelli P L, Czech B, Montanari F, et al. Reaction mechanism and factors influencing phase-transfer catalytic

activity of crown ethers bonded to a polystyrene matrix[J]. Journal of the American Chemical Society, 1984, 106(4): 861 – 869.

[43] Regen S L, Lee D P. Mobility of solvent-swelled polystyrene ion exchange resins[J]. Journal of the American Chemical Society, 1974, 96(1): 294 – 296.

[44] Molinari H, Montanari F, Tundo P, et al. Heterogeneous phase-transfer catalysts: high efficacy of catalysts bonded by a long chain to a polymer matrix[J]. Journal of The Chemical Society, Chemical Communications, 1977(18): 639 – 641.

[45] 邬震中, 金小立, 郭惠菊, 等. 4′ – N – 烷基(芳基) – 氨甲基苯并 – 18 – 冠醚 – 6 及高聚物支载和硅胶支载冠醚的合成[J]. 有机化学, 1983(2): 110 – 114.

[46] Montanari F, Tundo P. Hydroxymethyl 18-crown-6 and hydroxymethyl [2.2.2] cryptand: versatile derivatives for binding the two polyethers to lipophilic chains and to polymer matrices[J]. Tetrahedron Letters, 1979, 20 (52): 5055 – 5058.

[47] 桂一枝, 林大鸣. 聚合物支载相转移催化剂的研究—— 2. 聚苯乙烯支载苯并 – 15 – 冠 – 5 与无环冠醚 [J]. 有机化学, 1987(5): 346 – 350.

[48] 桂一枝, 刘炳生, 刘金璧, 等. 聚合物支载相转移催化剂的研究——1. 聚苯乙烯支载二苯并 – 18 – 冠 – 6 及聚乙二醇长链烷基醚的合成[J]. 有机化学, 1986(5): 373 – 376.

[49] Blasius E, Janzen K P, Adrian W, et al. Herstellung, charakterisierung und anwendung komplexbildender austauscher mit kronenverbindungen oder kryptanden als ankergruppen[J]. Fresenius Journal of Analytical Chemistry, 1977, 284(5): 337 – 360.

[50] Kahana N, Deshe A, Warshawsky A, et al. Synthesis of polymeric crown ethers and thermoregulated ion complexation effects[J]. Journal of Polymer Science Part A, 1985, 23(1): 231 – 253.

[51] 陈正国, 王富华, 张超灿, 等. 几种三相催化剂在氰代、碘代和二氯卡宾反应中的催化行为[J]. 应用化学, 1985, 2(1): 8 – 14.

[52] 陈远荫, 袁光谱. 含有冠醚基团的有机硅化合物(Ⅰ)——烯丙基苯并冠醚的硅氢化及其加成产物的某些反应[J]. 高等学校化学学报, 1983, 4(6): 739 – 744.

[53] 黄黎明, 金道森, 陈珊妹, 等. 苯并 – 15 – 冠 – 5 取代的有机硅化合物的合成及其性能[J]. 有机化学, 1984(6): 450 – 453.

[54] 陈远荫, 卢雪然, 陈荣良, 等. 含有冠醚基团的有机硅化合物(Ⅱ)——烯基氮杂冠醚的硅氢化和固载化氮杂冠醚的一些性能[J]. 高等学校化学学报, 1989, 10(3): 249 – 253.

[55] Yokota K, Matsumura M, Yamaguchi K, et al. Synthesis of polymers with benzo-19-crown-6 units via cyclopolymerization of divinyl ethers[J]. macromolecular rapid communications, 1983, 4(11): 721 – 724.

[56] 陈远荫, 曾凡. 含有冠醚基团的有机硅化合物(Ⅱ)——烯基氮杂冠醚的硅氢化和固载化氮杂冠醚的一些性能[J]. 高分子通讯, 1986(6): 409 – 414.

[57] Mackenzie W M, Sherrington D C. Mechanism of solid-liquid phase transfer catalysis by polymer-supported linear polyethers[J]. Polymer, 1980, 21(7): 791 – 797.

[58] Ford W T, Tomoi M. Polymer-supported phase transfer catalysts: Reaction mechanisms[J]. Advances in Polymer Science, 1984, 15(36): 49 – 54.

[59] Yanagida S, Takahashi K, Okahara M. Solid-solid-liquid three phase transfer catalysis of polymer-bound acyclic poly(oxyethylene) derivatives: applications to organic synthesis[J]. The Journal of Organic Chemistry, 1979, 44(7): 1099 – 1103.

[60] Heffernan J G, Sherrington D C. Optimization of polymer-supported oligoethers as solid-liquid phase transfer catalysts[J]. Tetrahedron Letters, 1983, 24(15): 1661 – 1664.

[61] Kimura Y, Regen S L. Poly(ethylene glycols) and poly(ethylene glycol)-grafted copolymers are extraordinary

catalysts for dehydrohalogenation under two-phase and three-phase conditions[J]. Journal of Organic Chemistry, 1983, 14(23): 195 – 198.

[62]俞善信, 刘文奇. 聚苯乙烯固载聚乙二醇的合成及表征[J]. 高分子学报, 1994(3): 269 – 275.

[63]Mckenzie W M, Sherrington D C. Polymer-supported phase transfer catalysts in solid – liquid reactions[J]. Journal of The Chemical Society, Chemical Communications, 1978(13): 541 – 543.

[64]Warshawsky A, Kalir R, Deshe A, et al. Polymeric pseudocrown ethers. 1: synthesis and complexation with transition metal anions[J]. Journal of the American Chemical Society, 1979, 101(15): 4249 – 4258.

[65]俞善信, 管仕斌, 文瑞明. 相转移催化合成正丁基苯基醚[J]. 湖南文理学院学报(自然科学版), 2004, 16(2): 5 – 8.

[66]梁逊, 齐红彦. 聚苯乙烯固载化聚乙二醇苄醚的合成、相转移催化及机理研究[J]. 高等学校化学学报, 1989, 10(6): 623 – 628.

[67]Heffernan J G, Mackenzie W M, Sherrington D C, et al. Non-supported and resin-supported oligo (oxyethylenes) as solid – liquid phase-transfer catalysts: effect of chain length and head-group[J]. Journal of The Chemical Society-perkin Transactions 1, 1981, 12(3): 514 – 517.

[68]俞善信. 氯化聚氯乙烯固载聚乙二醇相转移催化作用的研究[J]. 湖南师范大学自然科学学报, 1991, 14(4): 325 – 329.

[69]Ayres J T, Mann C K. Some chemical reactions of poly(p - chloromethylstyrene) resin in dimethylsulfoxide [J]. Journal of Polymer Science Part B: Polymer Letters, 1965, 3(6): 505 – 508.

[70]Kondo S, Inagaki Y, Tsuda K, et al. Synthesis of polymeric formamides and their use as phase transfer catalysts [J]. Journal of Polymer Science: Polymer Letters Edition, 1984, 22(5): 249 – 254.

[71]Kondo S, Inagaki Y, Yasui H, et al. Insoluble polystyrenes containing amide moieties and N-alkylated nylon-66 as phase transfer catalysts[J]. Journal of Polymer Science Part A, 1991, 29(2): 243 – 249.

[72]Regen S I, Nigam A, Besse J J. Triphase catalysis. Insolubilized hexamethylphosphoramide as a solid solvent [J]. Tetrahedron Letters, 1978, 19(31): 2757 – 2760.

[73]Tomoi M, Takubo T, Ikeda M, et al. N-alkylpentamethylphosphoramides: novel catalysts in two-phase reactions [J]. Chemistry Letters, 1976, 5(5): 473 – 476.

[74]Kondo S, Ohta K, Inagaki Y, et al. Polymeric analogues of dipolar aprotic[J]. Pure & Applied Chemistry, 1988, 60(3): 387 – 394.

[75]曾汉维. 手征性冠醚[J]. 化学试剂, 1981, 3(6): 31 – 36.

[76]Chiellini E, Solaro R. Stereo-ordered macromolecular matrices bearing ammonium groups as catalysts in alkylation and carbenation reactions[J]. Journal of the Chemical Society Chemical Communications, 1977 (7): 231.

[77]Colonna S, Fornasier R, Pfeiffer U, et al. Asymmetric induction in the Darzens reaction by means of chiral phase-transfer in a two-phase system. The effect of binding the catalyst to a solid polymeric support[J]. Journal of The Chemical Society-perkin Transactions, 1978, 9(1): 8 – 11.

[78]黄锦霞, 蒋济隆, 卢军, 等. 聚合物生物碱相转移催化剂的合成及应用[J]. 湖北大学学报(自然科学版), 1989(3): 43 – 47.

[79]黄锦霞, 陈家威, 蒋济隆, 等. 聚合物生物碱相转移催化剂的合成及其对多类化学反应的催化性能[J]. 催化学报, 1994, 15(5): 399 – 403.

[80]Tanaka T, Mukaiyama T. 2-dialkylaminopyridinium salts as new type of catalysts in two-phase alkylation reaction [J]. Chemistry Letters, 1976, 5(11): 1259 – 1262.

[81]曾广建, 桂一枝. 新型相转移催化剂的合成及其催化水解反应研究[J]. 化学通报, 1992(9): 35 – 39.

[82]俞善信, 杨建文, 付中辉. 聚苯乙烯固载聚乙二醇催化合成 N – 丁基乙酰苯胺[J]. 离子交换与吸附,

1993(4): 356 – 358.

[83] Tomoi M, Ford W T. Mechanisms of polymer-supported catalysis. 2. Reaction of benzyl bromide with aqueous sodium cyanide catalyzed by polystyrene-bound onium ions[J]. Journal of the American Chemical Society, 1981, 103(13): 3828 – 3832.

[84] Tomoi M, Ogawa E, Hosokama Y, et al. Phase - transfer reactions catalyzed by phosphonium salts attached to polystyrene resins by spacer chains[J]. Journal of Polymer Science Part A, 1982, 20(12): 3421 – 3429.

[85] 陶英丕, 李德和. 三相催化作用在有机合成中的应用[J]. 化学通报, 1983(12): 7 – 10.

[86] Tomoi M, Hosokawa Y, Kakiuchi H, et al. Phase-transfer reactions catalyzed by phosphonium salts bound to macroporous polystyrene supports[J]. Journal of Polymer Science Part A, 1984, 22(6): 1243 – 1250.

[87] 许临晓, 陶凤岗, 吴世晖. 线型聚氧乙烯化合物的相转移催化反应[J]. 有机化学, 1984(4): 265 – 270.

[88] 金松寿, 黄宪. 聚乙二醇的相转移催化作用与分子集团结构适应理论[J]. 分子科学学报, 1985(2): 159 – 166.

[89] 俞善信, 杨建文. 聚苯乙烯固载聚乙二醇催化合成二茂铁[J]. 化学世界, 1991, 32(7): 308 – 310.

[90] 俞善信, 刘文奇. 聚苯乙烯固载聚乙二醇在有机合成中的应用(II)[J]. 离子交换与吸附, 1992, 8(3): 211 – 216.

[91] Pugia M J, Czech A, Czech B P, et al. Phase-transfer catalysis by polymer-supported crown ethers and soluble crown ether analogs[J]. Journal of Organic Chemistry, 1986, 51(15): 2945 – 2948.

[92] Chiles M S, Jackson D D, Reeves P C, et al. Preparation and synthetic utility of phase-transfer catalysts anchored to polystyrene[J]. Journal of Organic Chemistry, 1980, 45(14): 2915 – 2918.

[93] 陶毅, 曾国蓉. 聚苯乙烯负载季鏻盐型树脂的制备及催化效应[J]. 应用化学, 1990, 7(3): 69 – 71.

[94] Regen S L. Triphase catalysis: applications to organic synthesis[J]. Journal of Organic Chemistry, 1977, 42(5): 875 – 879.

[95] Brown J M, Jenkins J A. Micelle-related heterogeneous catalysis: anion-activation by polymer-linked cationic surfactants[J]. Journal of The Chemical Society, Chemical Communications, 1976: 458 – 459.

[96] 俞善信, 杨建文. 聚苯乙烯固载化聚乙二醇的应用研究[J]. 湖南师范大学自然科学学报, 1991, 14(1): 61 – 65.

[97] 张新迎, 韩永生, 范学森, 等. 聚苯乙烯固载化聚乙二醇三相催化下苄基醚的合成[J]. 化学世界, 1995(7): 356 – 360.

[98] 卿凤翎, 曾国蓉. 芳氧基乙酸的三相催化合成[J]. 化学试剂, 1989, 11(4): 250.

[99] 李源勋, 李志庭, 叶庆玲, 等. 芳香族对称硫醚和硫氰酸酯的三相催化合成[J]. 化学试剂, 1987, 9(3): 165 – 167.

[100] 李源勋, 李志庭, 叶庆玲, 等. 三相催化合成苄醚和芳醚[J]. 化学通报, 1987(10): 43 – 44.

[101] 徐明全. 对甲苯丙醚相转移催化法合成[J]. 中国医药工业杂志, 1991, 22(4): 178.

[102] 康汝洪, 范风格, 何宴章, 等. 硅胶支载聚乙二醇相转移催化作用的研究[J]. 应用化学, 1989, 6(3): 78 – 80.

[103] 刘理中, 俞善信, 杨建文. 聚苯乙烯固载聚乙二醇催化酰胺的 N – 烷基化反应[J]. 湖南师范大学自然科学学报, 1995, 18(1): 37 – 41, 71.

[104] 俞善信, 杨建文, 李继芳. 聚苯乙烯固载聚乙二醇在邻苯二甲酰亚胺的 N – 烃基化反应中的相转移催化作用[J]. 离子交换与吸附, 1994, 10(2): 157 – 160.

[105] 俞善信, 文瑞明. 相转移催化合成对硝基苯甲醚[J]. 精细化工中间体, 2003, 33(5): 19 – 20, 34.

[106] Julia S, Ginebreda A, Guixer J, et al. Phase-transfer catalysis using chiral catalysts: synthesis of optically active 2-phthalimido-esters[J]. Journal of The Chemical Society, Chemical Communications, 1978: 742 – 743

[107] 俞善信, 杨建文. 相转移催化合成 N – 烷基咔唑[J]. 陕西化工, 1998, 27(2): 14 – 15.

[108] 俞善信, 许新华, 刘文奇. N - (2 - 甲基 - 4 - 硝基苯基) 哌啶的相转移催化合成 [J]. 化学试剂, 1993, 15(1): 35 - 36.

[109] 俞善信, 文瑞明, 丁亮中. 高分子相转移催化剂在 α - 丁基苯乙腈合成中的应用 [J]. 常德师范学院学报 (自然科学版), 2002, 14(1): 74 - 76.

[110] 任启生, 黄文强, 陆宇, 等. 季铵碱树脂催化的 β - 酮砜的 α - 碳烷基化反应研究 [J]. 化学学报, 1990, 48(6): 622 - 626.

[111] 杨建文, 俞善信, 刘理中. 聚苯乙烯固载聚乙二醇催化环己烯与二氯卡宾的加成反应 [J]. 离子交换与吸附, 1994, 10(3): 253 - 257.

[112] Fiandanese V, Naso F, Scilimati A, et al. Carbon-carbon bond formation by means of substitution and addition reactions involving the polymer-supported carbanion from methyl nitroacetate [J]. Tetrahedron Letters, 1984, 25(11): 1187 - 1190.

[113] 俞善信. 三相催化从蜂蜡制取三十烷醇 [J]. 湖南化工, 1991(1): 30 - 31.

[114] 金鑫, 张政朴, 李贺先, 等. 含有悬挂双键的苯乙烯—二乙烯苯大孔共聚物的合成及吸附性能研究 [J]. 离子交换与吸附, 1992, 8(6): 508 - 512.

[115] Frechet J M, Bald E, Lecavalier P, et al. Polymer-assisted asymmetric reactions. 4. Polymer-bound ephedrine, its use and limitations in supported lithium aluminum hydride reductions [J]. Journal of Organic Chemistry, 1986, 51(18): 3462 - 3467.

[116] 陈继畴, 马喜生, 赵文芝, 等. 聚合物相转移催化反应的研究 IV 对氯苯氧基乙酰芳胺的合成 [J]. 西北师范大学学报 (自然科学版), 1990(1): 52 - 55.

[117] 黎碧娜, 杨辉荣, 林自强, 等. 三相催化法合成防雾剂 1 - 苯基 - 5 - 巯基四氮唑 [J]. 精细化工, 1988, 5(6): 48 - 50.

[118] 蒋英, 梁逊, 陈伟朱, 等. 固载化聚乙二醇树脂的合成及其接肽性能研究 [J]. 化学学报, 1987, 45(11): 1112 - 1118.

[119] 李赫, 梁逊. 聚乙二醇—聚苯乙烯接枝共聚物的合成及其接肽反应性能 [J]. 高分子学报, 1990(6): 740 - 746.

[120] 黄锦霞, 张洪涛, 杨桂春, 等. 聚合物固载相转移催化剂用于三 (环氧丙基) 异氰尿酸酯的合成 [J]. 催化学报, 1993, 14(3): 243 - 247.

第 5 章

聚苯乙烯固载相转移催化剂的制备及应用

5.1　聚苯乙烯固载相转移催化剂述评

在各类固载化相转移催化剂中，固载季铵盐和固载季鏻盐出现较早，对它们的研究也较多，所探讨的反应类型也不少。但它们存在活性寿命短，在使用过程中，活性中心大多易发生 Hoffmannn 消除而脱落的缺点。活性较强的此类催化剂一般需要插入空间链，无疑增加了催化剂合成的难度并提高了成本。固载冠醚虽然活性大多较高，但冠醚本身价格昂贵，有毒，难以推广应用，有关固载冠醚催化剂应用的文献也较少。固载共溶剂型相转移催化剂的合成要求条件严格，反应时间长，原料来源困难，且活性难以提高，故此类催化剂的研究进展缓慢。

本章重点介绍聚苯乙烯固载聚乙二醇树脂、聚苯乙烯固载二乙醇胺树脂、聚苯乙烯固载三乙醇胺树脂和聚苯乙烯固载多－1，2－亚乙基多胺树脂 4 种聚苯乙烯固载相转移催化剂的制备及应用。

5.1.1　聚苯乙烯固载聚乙二醇催化剂

聚乙二醇(PEG)是 20 世纪 70 年代后期开发的相转移催化剂，具有类似冠醚的醚链结构，虽然络合能力低于冠醚，但它能折叠成大小不同的空穴而与不同离子半径的离子络合，同时它来源丰富、价廉、无毒，因而对它的应用很快引起重视，同时在合成固载聚乙二醇的手段上、价格上均优于其他催化剂。由于开发利用较晚，所以固载化的文献报道不太多，而其催化活性是令人满意的。

将聚乙二醇或其单醚固载到高聚物上已有人进行过研究[1-4]，它们的共同点都用到极易着火的氢化钠，并用氮气保护，且将聚乙二醇制成单醚再参与接枝，无疑使操作复杂，并具有一定危险性。近年来，俞善信等在这方面曾进行过系统研究，改进为用金属钠或浓氢氧化钠为碱，在一定有机溶剂中直接将 PEG 接枝到二乙烯苯(divinyl benzene, DVB)交联的聚苯乙烯(polystyrene, PS)树脂上，制成 PS－PEG 树脂催化剂，并深入探讨了其在各类有机合成中的应用。

5.1.2　聚苯乙烯固载二乙醇胺催化剂

二乙醇胺具有碱性、仲胺和多元醇的化学性质，在工业上有着广泛用途，同时它能与多种金属离子形成螯合物，而且随着石油工业的发展，来源十分容易。

聚苯乙烯固载二乙醇胺树脂（PSDEA），属于固载叔胺类化合物。这种树脂除具有二乙醇胺的特性外，它还具有开链氮杂冠醚的结构，因而具有螯合性能、氢键吸附性能和催化性能，文瑞明等制备了该树脂并探讨了其在丙酸苄酯合成中的应用[5]。

5.1.3　聚苯乙烯固载三乙醇胺催化剂

三乙醇胺（triethanol amine，TEA）是一种廉价、易得的化工产品，随着石油工业的发展，产量日益增加，在工业上常用着螯合剂、增塑剂、保湿剂、橡胶硫化过程促进剂、气体净化剂、纤维处理剂、防腐添加剂及化工原料等。由于它是叔胺，在强碱作用下具有季铵碱的性能，但三乙醇胺是液体，只能一次性使用。

聚苯乙烯固载三乙醇胺树脂（PSTEA），属于固载季铵盐的结构，俞善信等利用氯甲基聚苯乙烯树脂与三乙醇胺反应制备了聚苯乙烯三乙醇胺树脂（PSTEA），并探讨了其在有机合成中的应用[6-7]。

5.1.4　聚苯乙烯固载多 -1,2 -亚乙基多胺催化剂

多 -1,2 -亚乙基多胺树脂是一类重要的螯合树脂，能够与金属离子形成多配位络合物，因而广泛应用于湿法冶金、贵金属提取、原子能工业和工业废水处理等方面，此类树脂是由氯甲基化聚苯乙烯或环氧氯丙烷与多 -1,2 -亚乙基多胺反应而成。作者利用氯甲基聚苯乙烯和多 -1,2 -亚乙基多胺制备了聚苯乙烯多 -1,2 -亚乙基多胺树脂并探讨了其在正丁基苯基醚合成中的应用[8]。

5.2　聚苯乙烯固载聚乙二醇催化剂的制备及应用

5.2.1　制备原理及方法

（1）制备原理。

聚苯乙烯固载聚乙二醇催化剂（PS – PEG）可以由聚乙二醇（PEG）钠与 2% ~4% 二乙烯苯交联的氯甲基化聚苯乙烯（PS – CH$_2$Cl）反应而制备：

$$PS – CH_2Cl + H(OCH_2CH_2)_nONa \xrightarrow{PhCH_3} PS – CH_2O(CH_2CH_2O)_nH + NaCl$$

通常使用的聚乙二醇的平均相对分子质量为 400 和 600，分别以 PEG – 400 和 PEG – 600 表示，故本催化剂可分别表示为 PS – PEG – 400 和 PS – PEG – 600。

氯甲基化聚苯乙烯（PS – CH$_2$Cl）可以向有关树脂厂购买或用二乙烯苯交联的聚苯乙烯（PS 表示）树脂与氯甲基甲醚反应而成。

制备催化剂的各步反应如下：

氯甲基甲醚的合成：将干燥的氯化氢通入福尔马林（或多聚甲醛）的甲醇溶液中：

$$CH_3OH + HCHO + HCl \longrightarrow CH_3OCH_2Cl + H_2O$$

或

$$nCH_3OH + (HCHO)_n + nHCl \longrightarrow nCH_3OCH_2Cl + nH_2O$$

反应历程类似于缩醛反应，首先生成 CH_3—O—$CH_2^{+[9]}$ 再与 Cl^- 结合：

$$HCHO + H^+ \rightleftharpoons \overset{H}{\underset{H}{C}}\text{—OH}$$

$$\overset{H}{\underset{H}{C}}\text{—OH} + CH_3OH \rightleftharpoons \overset{H_3C}{\underset{H}{O}}\text{—}CH_2OH$$

$$\overset{H_3C}{\underset{H}{O}}\text{—}CH_2OH \rightleftharpoons CH_3\text{—O—}CH_2OH + H^+$$

$$CH_3\text{—O—}CH_2OH + H^+ \rightleftharpoons CH_3\text{—O—}CH_2OH_2^+$$

$$CH_3\text{—O—}CH_2OH_2^+ \rightleftharpoons CH_3\text{—O—}CH_2^+ + H_2O$$

$$CH_3\text{—O—}CH_2^+ + Cl^- \rightleftharpoons CH_3\text{—O—}CH_2Cl$$

氯甲基化聚苯乙烯($PS-CH_2Cl$)的合成：在无水氯化锌作用下，氯甲基甲醚使聚苯乙烯的芳环发生 Friedel – Crafts 反应：

$$PS + CH_3OCH_2Cl \xrightarrow{ZnCl_2} PS-CH_2Cl + CH_3OH$$

反应历程为[10]：

$$CH_3\text{—}\overset{\cdot\cdot}{\underset{\cdot\cdot}{O}}\text{—}CH_2Cl + ZnCl_2 \longrightarrow CH_3\text{—}\overset{\overset{+}{\cdot\cdot}}{\underset{^-ZnCl_2}{O}}\text{—}CH_2Cl$$

$$CH_3\text{—}\overset{\overset{+}{\cdot\cdot}}{\underset{^-ZnCl_2}{O}}\text{—}CH_2Cl \rightleftharpoons CH_3\text{—O—}\bar{Z}nCl_2 + {}^+CH_2Cl$$

$$PS + {}^+CH_2Cl \longrightarrow PS-CH_2Cl + H^+$$

$$CH_3\text{—O—}\bar{Z}nCl_2 + H^+ \longrightarrow CH_3\text{—}\overset{+}{\underset{H}{O}}\text{—}\bar{Z}nCl_2 \longrightarrow CH_3OH + ZnCl_2$$

PS – PEG 催化剂的合成：这里分金属钠法和氢氧化钠法。

金属钠法：聚乙二醇与金属钠作用可生成一钠盐和二钠盐。

$$H(OCH_2CH_2)_nOH + Na \longrightarrow H(OCH_2CH_2)_nONa + [H]$$
$$(\text{I})$$

$$H(OCH_2CH_2)_nOH + 2Na \longrightarrow NaO(CH_2CH_2O)_{n-1}CH_2CH_2ONa + H_2$$
$$(\text{II})$$

氢氧化钠法：PEG 是一种弱的质子酸，在浓 NaOH 作用下，存在下列平衡：

$$H(OCH_2CH_2)_nOH + NaOH \rightleftharpoons H(OCH_2CH_2)_n\bar{O}Na^+ + H_2O$$
$$(\text{I})$$

$$H(OCH_2CH_2)_n\bar{O}Na^+ + NaOH \rightleftharpoons Na^+O^-(CH_2CH_2O)_{n-1}CH_2CH_2\bar{O}Na^+ + H_2O$$
$$(\text{II})$$

（Ⅰ）和（Ⅱ）的负离子均可作为亲核试剂，对氯甲基化树脂发生亲核取代反应：

$$PS—CH_2Cl + H(OCH_2CH_2)_nO^- \longrightarrow PS—CH_2O(CH_2CH_2O)_nH + Cl^-$$

$$2PS—CH_2Cl + O^-(CH_2CH_2O)_{n-1}CH_2CH_2O^- \longrightarrow$$

$$PS—CH_2O(CH_2CH_2O)_{n-1}CH_2CH_2OCH_2PS + 2Cl^-$$

在制备催化剂过程中也可能发生部分水解和桥联反应：

$$PS—CH_2Cl + OH^- \longrightarrow PS—CH_2OH + Cl^-$$

这些副反应通常可以通过控制反应条件，使它们尽量降低。为简便起见，通常氯甲基化树脂的取代考虑两种情况：a. 氯被 PEG 的一端取代接枝；b. 氯被 OH 取代。此时催化剂中 PEG 的含量可以通过反应前后树脂质量的变化，以及其含氯量的变化，用下列公式来计算。

1 g PS – PEG 催化剂中含 PEG 的物质的量（mmol）为[11]：

$$\frac{m_2(1-X_2)-m_1(1-X_1)-17[(m_1X_1-m_2X_2)/35.5]}{\overline{M}-17}\times\frac{1000}{m_2}$$

式中：m_2 为反应后的树脂质量；m_1 为反应前的树脂质量；X_2 为反应后的树脂氯质量分数，%；X_1 为反应前的树脂氯质量分数，%；$\overline{M}$ 为接枝的 PEG 平均相对分子质量。

（2）实验材料及试剂。

2% ~ 4% DVB – PS 树脂：可以向有关树脂厂或树脂研究单位定购，并需标明粒度、孔容、交联度、型号、比表面等参数。若难以购置，也可用一定比例的二乙烯苯和聚苯乙烯，参考文献[12]合成。

其他试剂可以用市售的化学纯产品。

（3）合成方法。

a. 氯甲基甲醚的制备。

在 500 mL 三颈烧瓶上装上回流冷凝管、温度计，并插入导气管，导气管离瓶底 1 ~ 2 cm。加入 200 mL 福尔马林，100 mL 甲醇，用冷水冷却烧瓶，快速通入干燥的氯化氢气体，反应约 4 h，至析出的油层厚度不再增加为止，分离出油层，用无水氯化钙干燥，则为氯甲基甲醚，收集约 70%，可以用于本实验。水层若用氯化钙饱和，还可析出部分氯甲醚。也可以再蒸馏 1 次提纯，收集 55 ~ 60 ℃ 的馏分，其沸点为 59.5 ℃。因氯甲醚很毒，整个操作应在通风柜中进行[13]。

也可以将干燥的氯化氢通入低温下的多聚甲醛和甲醇的糊状混合物中直到所有多聚甲醛溶解，分离出生成的氯甲基甲醚并用氯化钙干燥后备用[14]。

b. 氯甲基化树脂的制备[14]。

将 DVB – PS 树脂用二氯乙烷溶胀，加入氯甲基甲醚浸没，加入新灼烧的无水氯化锌粉末，在 50 ~ 55 ℃ 的水浴中回流搅拌 12 h，再用大量水分解未反应的氯甲基甲醚，过滤，水洗至无氯离子,真空干燥至恒重,再用氧瓶燃烧法测定含氯量[15]。

氯甲基化聚苯乙烯树脂一般含氯量为 20% ~ 25%。

c. PS – PEG 催化剂的制备。

（a）金属钠法。

在 250 mL 三颈瓶中加入 6.00 g 氯甲化聚苯乙烯树脂,加 20 mL 甲苯溶胀,装上回流冷凝管、干燥管及叶片式电动机械搅拌器,记为 A 瓶。另一 100 mL 三颈瓶中加入 40 mL 甲苯,1.2 g 去皮的金属钠,装上回流冷凝管、干燥管及叶片式机械搅拌器,加热回流,剧烈搅拌至金属钠全部熔融,停止加热,继续搅拌并逐步冷却使金属钠制成钠砂,记为 B 瓶。在 100 mL 梨形瓶中加入 60 mmol PEG – 400 或 PEG – 600 和 10 mL 甲苯,加热蒸馏,使 PEG 中少量水被甲苯带出,共沸去水后,将 PEG 缓慢地倒入 B 瓶中,加热搅拌。此时,体系液体变白色浑浊并膨胀,控制搅拌速度,使反应不至过于剧烈。待体系澄清并无剩余金属钠后,冷水浴降温,取下 B 瓶,将瓶内盛物全部转入 A 瓶中,加热回流搅拌并控制转速 800 r/min,搅拌 5 h 以上。冷却,过滤,回收甲苯。树脂分别以乙醇和去离子水洗涤,直到滤液不含 Cl⁻,再用乙醇洗涤,抽干,置索氏提取器中用 THF 抽提 24 h,取出后,70 ℃以下烘干。再放真空干燥器中干燥至恒重后,用氧瓶燃烧法测定接枝后的含氯量[15]及红外光谱。

（b）氢氧化钠法。

在 250 mL 三颈瓶中,加入 6.00 g 氯甲化聚苯乙烯树脂,加 20 mL 甲苯溶胀。再加入 60 mmol 聚乙二醇,20 mL 甲苯,100 mL 33% 浓氢氧化钠溶液,回流搅拌 5 ~ 9 h,冷却后抽滤,分别用乙醇和去离子水洗涤,至无 Cl⁻,再用乙醇洗涤抽干,在索氏提取器中,经 THF 抽提 24 h,取出,干燥至恒重,最后测定其含氯量和红外光谱。

（4）注释。

a. 氯甲基甲醚具有高毒性,实验室不可多制和储存,建议氯甲化聚苯乙烯树脂应购买来使用。

b. 为便于鉴定 PS – PEG 催化剂,下面列出 PEG – 400、氯甲基化聚苯乙烯（PS – CH₂Cl）和 PS – PEG – 400 的红外光谱图（在 PE – 783 型红外光谱仪上用 KBr 压片法测定）,见图 5 – 1 ~ 图 5 – 3。PEG – 400 的 IR 谱中 3 440 cm⁻¹附近有强而宽的 OH 吸收峰,1 100 cm⁻¹处有强的 C—O—C 键伸缩振动吸收峰。PS—CH₂Cl 的 IR 谱中 1 260 cm⁻¹处有 C—H 键（CH₂Cl）摇

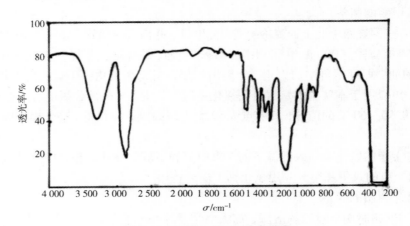

图 5 – 1　PEG – 400 红外光谱图

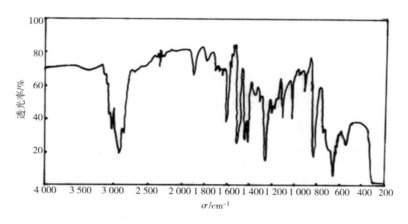

图 5 - 2　氯甲基化树脂红外光谱图

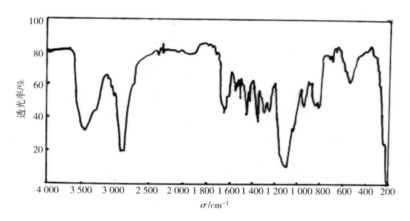

图 5 - 3　PS – PEG – 400 红外光谱图(KBr 压片)

摆振动吸收峰。峰尖、吸收强,$600 \sim 800 \ \mathrm{cm^{-1}}$ 间有 C—Cl 键伸缩振动吸收峰(双带)。PS – PEG – 400 的 IR 谱中 $3\ 440 \ \mathrm{cm^{-1}}$ 处有一强而宽的 OH 吸收峰,$1\ 100 \ \mathrm{cm^{-1}}$ 处出现很强的 C—O—C 键伸缩振动吸收峰,且原有的 $1\ 260 \ \mathrm{cm^{-1}}$ 处 C—H 键($\mathrm{CH_2Cl}$)吸收峰和 $600 \sim 800 \ \mathrm{cm^{-1}}$ 间的 C—Cl 键吸收峰减至很弱,表明原树脂中的氯大部分被取代并固载有 PEG 链。

　　c. 催化剂的电镜照片:将氯甲基化聚苯乙烯树脂($\mathrm{PS—CH_2Cl}$)和催化剂 PS – PEG – 400 在 S – 570 扫描式电镜下扫描,电镜照片见图 5 – 4 和图 5 – 5。

　　图 5 – 4 氯甲基化树脂的 021602[#]显示为均匀的圆球形颗粒,进一步放大则显示树脂颗粒的表面并不光滑,而为微粒子紧密聚结成簇团,并存在不少微孔。图 5 – 5 表明氯甲基化树脂与 PEG – 400 反应后,树脂颗粒除少量有破碎外,仍呈圆球状,催化剂颗粒表面呈蓬松的簇团状,存在微孔结构,有利于增大比表面,提高催化活性。

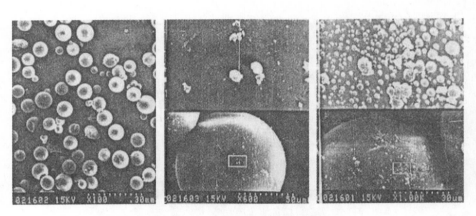

图 5 – 4   PS – CH₂Cl 树脂扫描电镜照片

(021601#和 021603#中上图较下图放大 10 倍)

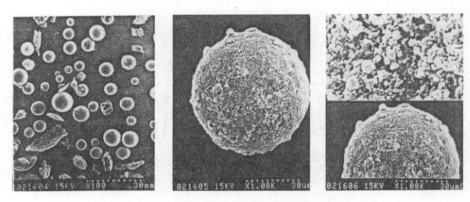

图 5 – 5   PS – PEG – 400 树脂扫描电镜照片

(021606#中上图较下图放大 10 倍)

5.2.2   PS – PEG 催化剂的应用

（1）催化 Williamson 法合成醚[16]。

a. Willamson 反应是合成不对称醚的常用方法，通常要在无水条件下，利用金属钠与醇反应制成醇钠，再与卤代烃反应来合成。利用相转移催化反应就可以在氢氧化钠水溶液中，由醇与卤代烃反应而成，操作方便、安全。

$$ROH + R'X \xrightarrow[\text{NaOH/H}_2\text{O}]{\text{PS} - \text{PEG}} ROR' + HX$$

在三口烧瓶中加入催化剂（0.5 g）用丙酮溶胀，再加入定量的醇、卤代烃、氢氧化钠和水，装上搅拌器、温度计和回流冷凝管、回流搅拌一定时间，然后加入 30 ~ 40 mL 水，搅拌、冷却、过滤分离出催化剂，滤液用分液漏斗分离出有机层，有机层经水洗 1 ~ 2 次（至中性）、干燥后蒸馏收集一定沸程的馏分为产品。

表5-1列出了供本实验选用的几种醚的反应条件及产品的物理常数。

表5-1 催化合成醚的有关参数

醚	$n(ROH)/$ mol	$n(R'X)/$ mol	$n(NaOH)$ /mol	$n(H_2O)$ /mol	反应 时间/h	反应 温度/℃	沸程/℃	文献 折光率
甲丁醚	MeOH 1.20	BuBr 0.20	0.25	10	5	60~64	72~76	1.373 6
乙丁醚	EtOH 1.20	BuBr 0.20	0.25	10	5	75~77	94~96	1.381 8
甲苄醚	MeOH 0.50	PhCH₂Cl 0.10	0.15	6	2	64~72	171~173	1.500 8
乙苄醚	EtOH 0.50	PhCH₂Cl 0.10	0.15	6	2	73~78	185~190	1.495 5
丁苄醚	BuOH 0.50	PhCH₂Cl 0.10	0.15	6	2	92~95	210~220	1.483 3

b. 催化合成对硝基苯甲醚[17]。

用2%二乙烯苯交联的氯甲基聚苯乙烯在碱作用下与聚乙二醇600合成聚苯乙烯固载聚乙二醇600(PS-PEG-600)树脂,将其作为合成对硝基苯甲醚的催化剂。用0.05 mol对氯硝基苯、0.50 mol甲醇、0.15 mol氢氧化钠和1.0 g催化剂,在60~70℃浴温下搅拌反应7 h,得到质量良好的对硝基苯甲醚,收率达96.7%。

(2)催化合成芳氧乙酸[16]。

芳氧乙酸及其酯类是一类具有多种用途的选择性除莠剂和植物生长调节剂。过去都是先制成相应的酚盐,再与氯乙酸反应。采用相转移催化可以使反应温和、操作方便,收率明显提高。

$$ArOH + ClCH_2COOH \xrightarrow[NaOH/H_2O]{PS-PEG} ArOCH_2COOH + HCl$$

在三颈烧瓶中加入催化剂(0.5 g),用甲苯(10 mL)溶胀,加入酚(0.10 mol)、氯乙酸(0.20 mol)、氢氧化钠(0.4 mol)和水(40 mL),装上搅拌器和回流冷凝管,回流搅拌7 h,又加水搅拌,滤去催化剂,母液经分液漏斗分离出甲苯层,水层用盐酸酸化,再加粉末状碳酸钠并搅拌,至无气泡为止,过滤,滤液酸化,静置结晶,抽滤,在干燥器中干燥后,称量计算收率,并测定熔点。

利用此法可合成下列化合物,其文献熔点见表5-2。

表5-2 催化合成芳氧乙酸的熔点

Ar	苯基	Me—苯基	间甲基苯基	邻甲基苯基
熔点/℃	98~99	136	103~104	151

(3)催化合成酯。

酯是常见的有机化合物,通常采用有机酸与醇在催化剂作用下进行。利用羧酸盐与卤代烃反应可以合成酯，但这是异相反应，难于进行，采用相转移催化，会对反应大大有利。

$$MeCOOK + n - BuBr \xrightarrow[\text{DMSO}]{\text{PS-PEG}} MeCOOBu - n + KBr$$

在三颈烧瓶中，加入催化剂(1.0 g)、二甲亚砜(20 mL)、1 - 溴丁烷(0.10 mol)和新灼烧过的无水醋酸钾(0.20 mol)混合，装上搅拌器、回流冷凝管和温度计，控制在 100 ℃左右回流搅拌 3 h，冷却，过滤出催化剂和无机盐，母液蒸馏收集 122~126 ℃的馏分为乙酸正丁酯，文献折光率为 1.394 1，文献沸点为 126 ℃[16]。

$$MeCOOK + PhCH_2Br \xrightarrow[\text{PhCl}]{\text{PS-PEG}} MeCOOCH_2Ph + KBr$$

在三颈烧瓶中加入催化剂(0.5 g)，氯苯(30 mL)，新灼烧的无水醋酸钾(0.10 mol)和溴化苄(0.05 mol)，装上回流冷凝管、温度计和电动搅拌器，在回流情况下搅拌 10 h，冷却后抽滤，滤液经干燥后，减压蒸馏，收集 94~96 ℃/1 600 Pa(12 mmHg)的馏分为乙酸苄酯[18]。

（4）催化丙二酸亚异丙酯的烃基化反应[18]。

活泼亚甲基的烃基化反应是增长碳链的重要反应之一，人们常用丙二酸二乙酯或乙酰乙酸乙酯烃基化反应制备许多有机合成的中间体，这类反应通常是在较苛刻的条件下进行。丙二酸亚异丙酯中的亚甲基具有较强的酸性($pKa = 4.97$)和固定的环状结构，且为固体化合物，进行烃基化更为简便，利用 PS - PEG 催化剂易于使丙二酸亚异丙酯进行烃基化反应。

在装有回流冷凝管、温度计和搅拌器的三颈瓶中，加入 2.9 g(20 mmol)丙二酸亚异丙酯，用 30 mL 氯仿溶解。再加入 4.2 g(30 mmol)碳酸钾粉末，0.5 g 催化剂，60 mmol 卤代烃、控温 50~60 ℃，搅拌一定时间，加水 20 mL，抽滤分离催化剂，滤液中分离出有机层，水层用氯仿提取 2 次，合并有机层，蒸出溶剂后则得粗品，用丙酮重结晶，经干燥后称质量，测定熔点。

表 5 - 3 中列出了适用于本反应的卤代烃、反应时间及产品熔点。

表 5 - 3　合成二烃基丙二酸亚异丙酯的条件及产品熔点

RX	反应时间/h	产品文献熔点/℃
MeI	4	61
EtBr	6	40~41
n - BuBr	8	86~87
PhCH$_2$Br	2.5	232~233

附：丙二酸亚异丙酯的合成[19]。

将 10.4 g(0.1 mol)丙二酸粉末加入 8 mL(0.12 mol)乙酐中，搅拌下加入 0.3 mL 浓硫酸，大部分丙二酸溶解，控温 20~25 ℃，再加入 8 mL 丙酮，搅拌，用瓶塞塞好，放冰箱过夜。析出丙二酸亚异丙酯、抽滤、冰水淋洗，干燥器中干燥。用丙酮重结晶，得产物熔点 94~95 ℃，收率为 62%。

（5）催化合成二茂铁[16, 20]。

二茂铁是一种重要的金属有机化合物。关于二茂铁的合成，无论在哪种方法中均采用氮气保护以防止氧化，俞善信等采用 PS - PEG - 400 催化法，利用乙醚赶空气代替氮气保护，最后采用水蒸气蒸馏提纯获得良好效果。

$$2 \text{环戊二烯} + FeCl_2 + 2NaOH \xrightarrow[\text{DMSO}]{\text{PS-PEG-400}} \text{二茂铁} Fe + 2NaCl + 2H_2O$$

在三颈瓶中加入催化剂（1.0 g），甲苯（4 mL）溶胀，再加入乙醚（5 mL）、二甲亚砜（30 mL）、粉状氢氧化钠（7.5 g），装上回流冷凝管和搅拌器，于 25~30 ℃快速搅拌 15 min。再加入新解聚的环戊二烯（2.75 mL，33.5 mmol）和四水合二氯化铁（3.25 g，16.5 mmol），在 30 ℃以下搅拌 1.0 h，再倾入冰盐水（100 g）中，搅拌，有橙黄色固体析出，静置数小时，再抽滤、水洗。转入烧瓶中利用水蒸气蒸馏法蒸馏提纯，随蒸汽蒸出并冷凝的二茂铁过滤，晾干得橙黄色晶体，用闭管法测定熔点。文献熔点 172.5~173.0 ℃，易升华。

本实验中用到的环戊二烯是一种很臭、易聚合的液体，沸点 42 ℃，通常以二聚环戊二烯形式存在，在使用时临时蒸馏解聚，不能久置。二甲亚砜也臭并有毒性，使用时注意安全，最好在通风柜内进行。

（6）催化合成 α - 正丁基苯乙腈[21]。

一烷基取代的苯乙腈是多种杀菌剂和杀虫剂的合成中间体。最初的合成法是苯乙腈在 $NaNH_2$/液 NH_3 作用下与卤代烃反应而成。相转移催化技术的发展，有不少人在这方面进行过研究。苯乙腈在 PS - PEG 和液碱作用下，也能与卤代烃反应发生 α - 取代反应：

$$PhCH_2CN + n - BuBr \xrightarrow[\text{KOH}]{\text{PS-PEG}} PhCH(CN)Bu - n + HBr$$

在装有回流冷凝管、温度计和叶片式电动搅拌器的 250 mL 三颈烧瓶中，加入 7.1 g（0.06 mol）苯乙腈、1.0 g 催化剂、慢慢搅拌片刻，加入 8.7 g（0.063 mol）1 - 溴丁烷和 60% KOH 水溶液 30 mL，水浴加热，控制 76 ℃左右，搅拌速度 900~1 100 r/min，搅拌反应 5 h。冷却后，加入 50 mL 水和适量二氯甲烷，抽滤，滤饼用 10 mL 二氯甲烷洗涤。分液漏斗分离出红色有机层，经干燥后，常压下蒸出溶剂，减压蒸馏，收集 116~122 ℃/800 Pa（6 mmHg）的馏分，称质量，计算收率。

（7）催化酰胺的 N - 烃基化反应[22-23]。

N - 烃基取代的酰胺是许多药物或精细化工品的中间体，或本身就可直接作为药物或精细化工产品。经典的方法是用氢化钠或醇钠为缩合剂，与酰胺作用，形成酰胺负离子中间体，再与卤代烃反应。相转移催化技术的发展，为酰胺的 N - 烃基化反应开辟了新的合成方法。这里介绍在 PS - PEG 催化下，以 KOH 或 K_2CO_3 为碱，乙酰苯胺、己内酰胺和邻苯二甲酰亚胺的 N - 烃基化反应[22]。

$$PhNHCOMe + RX \xrightarrow[\text{PhCH}_3/\text{KOH(s)}]{\text{PS-PEG}} PhN(R)COMe + HX$$

在装有回流冷凝管、温度计及叶片式电动搅拌器的三颈烧瓶中，加入 1.0 g 催化剂、40 mL 甲苯，5.4 g（0.04 mol）乙酰苯胺，加热搅拌到乙酰苯胺全熔，加入 4.5 g 粉状 KOH。加热到一定温度后，在快速搅拌下滴加计算量的烷基化试剂，0.5 h 滴完，继续反应一段时间。冷却，加入 50 mL 饱和食盐水，过滤，分出有机层，并以甲苯萃取水相（20 mL×2），合并有机层，经干燥后蒸出大量甲苯，再减压蒸出残留的甲苯，冷却烧瓶，析出黄色晶体，用少量乙腈（15~20 mL）重结晶，得无色晶体。

若产品为液体，在蒸完甲苯后减压蒸馏。

取代乙酰苯胺的烷基化试剂、反应条件及产品文献熔点（或沸点）见表 5-4。

表 5-4 取代乙酰苯胺的合成反应条件及产品熔（沸）点

$n(RX)/mol$	反应温度/℃	时间/h	产品文献熔（沸）点/℃
$Me_2SO_4/0.075$	回流	2	98~101
$EtI/0.07$	90	2	51~53
$n-BuBr/0.06$	100	10	121~125(533 Pa)

在三颈烧瓶中，加入 1.0 g 催化剂和 20 mL 甲苯，装上回流冷凝、温度计和叶片式电动搅拌器，在慢速搅拌下加入 5.6 g(0.10 mol) 粉状 KOH 及 5.6 g(0.05 mol) 己内酰胺，慢慢加热，调节搅拌速度使其不低于 1 000 r/min，在 82 ℃ 左右滴加 8.2 g(0.06 mol)1-溴丁烷，1 h 左右滴完，继续反应 4 h。冷却，抽滤，甲苯淋洗，进行蒸馏，先常压下蒸出甲苯，再减压蒸馏，收集 101 ℃(133 Pa) 的馏分。

在三颈烧瓶中加入邻苯二甲酰亚胺 3.7 g(0.025 mol)、无水 K_2CO_3 4.1 g(0.03 mL)、无水 KF 2.0 g、乙腈 20 mL、卤代烃 0.05 mol 和催化剂 0.5 g，控制一定温度下回流搅拌一定时间，然后冷却，加入 20 mL 5% NaOH 水溶液搅拌以除去未反应的邻苯二甲酰亚胺，抽滤、干燥，用无水乙醇重结晶，趁热滤去催化剂，冷却得部分产品。母液经浓缩后得第二批产品。干燥、称质量、测定熔点[23]。

可以参与本反应的 RX、反应条件及产品熔点见表 5-5。

表 5-5 合成取代邻苯二甲酰亚胺反应条件及产品文献熔点

RX	反应温度/℃	时间/h	产品文献熔点/℃
$CH_2=CHCH_2Br$	70~73	5.0	71
$PhCH_2Cl$	120~124	5.0	115~116
$ClCH_2COOEt$	120~124	5.0	112~113

（8）催化咔唑的 N – 烷基化反应[24]。

N – 烷基化咔唑是非常重要的染料合成中间体，也是合成无碳复写纸中的染料添加剂。相转移催化也有利于该反应的发生。

$$\text{（咔唑）} + RX \xrightarrow[\text{KOH(s)}]{\text{PS-PEG}} \text{（N-烷基咔唑）} + HX$$

在装有回流冷凝管、温度计和叶片式电动搅拌器的三颈烧瓶中，加入 0.5 g 催化剂、40 mL 甲苯、8.3 g(0.05 mol) 咔唑和 0.07 mol 卤代烃，搅拌。再加入 12 g 粉状 KOH，加热搅拌（>800 r/min）若干小时，冷却，过滤出催化剂，并以少量甲苯洗涤，滤液蒸馏除去溶剂，冷却后析出晶体则为粗产品。必要时可用少量乙醇重结晶。真空干燥后得产品，称质量并测定熔点。

n – BuBr 和 EtI 可用于上述反应，反应条件及产品文献熔点见表 5 – 6。

表 5 – 6　合成咔唑反应条件及产品文献熔点

RX	反应温度/℃	反应时间/h	产品文献熔点/℃
EtI	65	6	68
n – BuBr	100	4	58

（9）催化二氯卡宾与环己烯的加成[25]。

相转移催化二氯卡宾的加成反应研究较为广泛，而利用 PS – PEG 催化二氯卡宾与环己烯的加成却未见报道，俞善信等在这方面的研究工作令人满意。

$$\text{（环己烯）} + CHCl_3 \xrightarrow[\text{NaOH}]{\text{PS-PEG}} \text{（二氯双环产物）}$$

在三颈烧瓶中加入 50 mL 新蒸馏的氯仿，4.1 g(0.05 mol) 新蒸的环己烯及 0.5 g 催化剂，装上回流冷凝管和叶片式电动搅拌器，迅速加入 10 g(0.25 mol) 新鲜粉状氢氧化钠，室温下剧烈搅拌（转速约 1 000 r/min）3 h。反应后，过滤，有机相先常压下蒸出溶剂，再减压蒸馏收集 63～64 ℃(931 Pa，7 mmHg) 的馏分。

本实验中所用的氯仿和环己烯必须新蒸，氢氧化钠的研碎必须迅速，有微量水及杂质对该反应均有影响。

（10）催化合成二苄基硫醚及硫氰酸酯[16]。

芳香族硫醚和硫氰酸酯是重要的化工原料。经典的方法需要在无水条件下用金属钠参加反应，因而条件苛刻。俞善信等发现在 PS – PEG 催化下利用三相催化可以成功地合成二苄基硫醚及硫氰酸酯。

$$2PhCH_2Cl + Na_2S \xrightarrow[92\ ℃,\ PhCH_3/H_2O]{PS-PEG} PhCH_2{-}S{-}CH_2Ph + 2NaCl$$

在装有回流冷凝管、温度计和叶片式搅拌器的三颈瓶中加入 0.5 g 催化剂，用 15 mL 甲苯溶胀。再加入 0.1 mol 结晶硫化钠(Na$_2$S·9H$_2$O)、0.05 mol 氯苄、10 mL 水，在 92～94 ℃

下搅拌 7 h。反应后冷却过滤，用甲苯洗涤，分离出有机层。水层用甲苯萃取 2 次，合并有机层，经干燥后蒸去甲苯得粗产品，用乙醇重结晶后干燥，再称量并测定熔点（文献熔点 49 ~ 50 ℃）。

$$ArX + KSCN \xrightarrow[92\ ℃,\ PhCH_3/H_2O]{PS-PEG} ArSCN + KX$$

$$ArX = PhCH_2Cl,\ O_2N-\!\!\!\langle\ \rangle\!\!\!-Cl$$

操作和试剂用量同上，只要将结晶硫化钠改为硫氰化钾即可。

（11）注释。

a. 应用中所用试剂除专门说明外，均可用市售的化学纯试剂。

b. 根据实验情况和要求，所合成的产品可以进行元素分析、红外光谱及核磁共振谱的测定并进行分析。

c. 在每个应用中可以进行 PEG 和 PS - PEG 的对比实验，比较实验结果。

d. 选择 1 ~ 2 个内容，将其催化剂分离出来干燥后，进行重复性实验。

e. 说明每个具体反应的相转移催化机理。

5.3　聚苯乙烯固载二乙醇胺催化剂的制备及应用

5.3.1　制备方法[26]

（1）实验仪器及试剂。

510P 型傅立叶变换红外光谱仪，PE - 2400CHN 元素分析仪，索氏提取器。氯甲基聚苯乙烯树脂：大孔 1% DVB - PSCH$_2$Cl（孔径：245 ~ 350 μm），西安树脂厂；其他试剂均为市售化学纯产品。

（2）合成方法。

在装有电动搅拌器和回流冷凝管的三颈烧瓶中加入氯甲基聚苯乙烯树脂 5.0 g 和甲苯 20 mL 进行溶胀，再加入 5.0 mL 二乙醇胺，于 110 ℃ 油浴中回流搅拌（>600 r/min）反应 2.5 h。冷却，加水搅拌，用布袋过滤，水洗，置索氏提取器中用乙醇提取 20 h，取出晾干后真空干燥至恒重。

5.3.2　聚苯乙烯固载二乙醇胺催化剂的应用

（1）催化合成丙酸苄酯[5]。

丙酸苄酯又称丙酸苯甲酯，具有水果香气，主要用于食用香精和日化香精中，是香料工业中的重要化合物，具有广泛的应用前景。其传统合成方法由丙酸盐与苄氯反应而得，该法原料易得，一般在相转移催化剂作用下进行。缺点是所用的相转移催化剂（如季铵盐、冠醚、多胺和叔胺类化合物等）均是些小分子化合物，只能一次性使用，不能回收，且易发生乳化作用，给分离带来困难。作者采用聚苯乙烯固载二乙醇胺树脂（PSDEA）作催化剂，由丙酸与苄氯反应合成丙酸苄酯，在优化条件下，反应产率达 95.5%。

$$CH_3CH_2COOH + PhCH_2Cl \xrightarrow[CH_3CN,\ K_2CO_3]{PSDEA} CH_3CH_2COOCH_2Ph + HCl$$

在 100 mL 三颈瓶中, 加入 1.0 g 催化剂, 用 20 mL 乙腈溶胀, 然后加入 0.090 mol 无水碳酸钾和 0.06 mol(7.6 g) 苄氯。装上电动搅拌器和回流冷凝管, 在搅拌下加入 0.075 mol 丙酸(为使丙酸反应完全, 采用丙酸与碳酸钾的物质的量比为 1∶1.2)。于 80 ℃ 水浴中快速回流搅拌 4 h 后, 冷却, 加入水搅拌使未反应完的碳酸钾及生成的氯化钾溶解, 抽滤, 分离出催化剂。用水和甲苯(10 mL ×2) 洗涤催化剂。抽干(催化剂保留, 供重复使用)。分离出有机层, 水层用甲苯(10 mL ×2) 萃取。合并有机层, 经水洗、干燥后, 进行蒸馏, 先蒸出前馏分, 再收集 220～226 ℃ 的馏分为产品。

PSDEA 还可催化苄氯与其他碳数羧酸的酯化反应, 且酯产率高, 效果良好。

(2) 催化合成正丁基苯基醚[27]。

正丁基苯基醚(n - butyl phenyl ether) 是一种重要的有机化合物, 常用于有机合成中, 是制造香料、杀虫剂和医药的原料, 常用的合成方法是金属钠与乙醇作用制成醇钠, 再与苯酚作用制成酚钠后与溴丁烷(或碘丁烷) 反应而成, 或利用固体氢氧化钠与乙醇回流 5 h, 再与苯酚作用 2 h, 最后与溴丁烷回流 6 h 而成。前者用到金属钠, 成本高, 危险性大; 后者反应时间太长。俞善信等探讨了用聚苯乙烯固载二乙醇胺树脂(PSDEA) 作催化剂合成正丁基苯基醚的优化反应条件, 产品收率达 96.7%。

$$n - \text{BuBr} + \text{PhOH} \xrightarrow[\text{KOH, EtOH}]{\text{PSDEA}} n - \text{BuOPh} + \text{HBr}$$

在 250 mL 三颈瓶中, 加入新蒸苯酚 0.1 mol(9.4 g), KOH 0.2 mol, EtOH 20 mL 和 1.0 g 催化剂, 装上电动搅拌器进行搅拌 10～20 min 使固体碱大部分溶解, 再加入 0.3 mol 溴丁烷, 用水浴加热, 在 80 ℃ 浴温下快速(>600 r/min) 搅拌 6.0 h(此时瓶内会析出大量白色固体), 稍冷后加水搅拌, 进行抽滤, 并用少量甲苯洗涤催化剂(催化剂保存), 滤液分离出有机层, 水层用甲苯萃取(15 mL×2 次), 合并有机层, 用水洗涤 2 次, 干燥, 蒸馏, 先收集前馏分, 再收集 198～206 ℃ 的馏分为产品(文献沸点 210 ℃)。

5.4 聚苯乙烯固载三乙醇胺催化剂的制备及应用

5.4.1 制备方法[6]

(1) 实验试剂及仪器。

氯甲基聚苯乙烯树脂: 含氯 23.2%, 交联度 4%, 杭州余杭争光化工有限公司; 三乙醇胺: 分析纯, 含量大于 80%, 衡阳市江东试剂厂; 其他所用试剂均为市售化学纯产品。

510P 型傅立叶变换红外光谱仪: PE - 2400CHN 元素分析仪; THZ88 - 1 型台式多用恒温振荡器。

(2) 合成方法。

在三颈烧瓶中加入氯甲基聚苯乙烯树脂 10.0 g, 加入甲苯 30 mL 溶胀, 过夜后再加入 10.0 mL 三乙醇胺, 在 110 ℃ 油浴中回流搅拌(>600 r/min)2 h, 冷却, 加水搅拌, 抽滤, 滤饼经水、乙醇洗涤, 晾干后置索氏提取器中用乙醇回流萃取 24 h, 取出晾干后真空干燥至恒重。

5.4.2　聚苯乙烯固载三乙醇胺催化剂的应用

（1）催化合成醚。

a. 催化合成正丁基苯基醚[7]。

$$PhOH + n-BuOH + KOH \xrightarrow[EtOH]{PSTEA} PhOBu-n + KBr + H_2O$$

将 0.1 mol 苯酚，0.2 mol 氢氧化钾，20 mL 乙醇，1.0 g 催化剂（PSTEA）一起搅拌 10~20 min 使固体碱溶解，再加入 0.3 mol 溴丁烷在 80 ℃ 水浴中快速（>600 r/min）回流搅拌反应 4 h。稍冷，加水搅拌，过滤出催化剂，甲苯洗涤。滤液用甲苯萃取，有机层经水洗、干燥、蒸馏，收集 198~206 ℃ 的馏分为产品（文献沸点 210 ℃），收率 98.7%，而空白值小于 50%。

b. 催化合成对硝基茴香醚。

对硝基茴香醚（$p-nitroanisole$）又称对硝基苯甲醚，是合成对氨基苯甲醚的重要原料，而对氨基苯甲醚是合成染料的重要中间体。俞善信等[28] 探讨了聚苯乙烯固载三乙醇胺树脂（PSTEA）催化合成对硝基茴香醚的方法，效果良好。

$$Cl-\langle \rangle-NO_2 + CH_3OH \xrightarrow[NaOH]{PSTEA} CH_3O-\langle \rangle-NO_2 + HCl$$

将 1.0 g PSTEA 用 20 mL（0.50 mol）甲醇浸泡，再加入 7.85 g（0.05 mol）对硝基氯苯，5.0 g（0.125 mol）氢氧化钠，在（65±3）℃ 水浴上回流搅拌反应 5 h。然后蒸出多余的甲醇（回收），加水搅拌，冷却，滤出碱液，水洗至中性，用热乙醇重结晶得部分产品。

将上述滤出的乙醇液蒸馏回收大部分乙醇（勿蒸干！），加入一定量水，摇动，冷却，抽滤水洗，干燥得第二部分产品。

合并两部分产品，收率达 89.1%，熔点 52~53 ℃（文献 54 ℃），而空白值为 77.8%，熔点 50~52 ℃，熔点偏低说明产品不纯。

（2）催化合成 α - 丁基苯乙腈[28]。

$$PhCH_2CN + n-BuBr \xrightarrow[NaOH/H_2O]{PSTEA} \underset{Bu-n}{PhCHCN} + HBr$$

将 1.0 g PSTEA 用 30 mL 质量分数为 50% 的 NaOH 溶液浸泡，再加入 7.1 g（0.06 mol）苯乙腈和 8.7 g（0.063 mol）溴代正丁烷，于 60 ℃ 水浴中快速（>600 r/min）搅拌反应 6 h。冷却后加入水，并用苯萃取。有机层干燥后蒸出苯，再油泵减压蒸馏收集 116~120 ℃（800 Pa）的馏分为产品，收率为 68%，而空白实验未得到产品。

（3）催化合成羧酸苄酯[28]。

$$RCOOH + PhCh_2Cl \xrightarrow[K_2CO_3,\ CH_3CN]{PSTEA} RCOOCH_2Ph + HCl$$

$$(R = H,\ CH_3,\ CH_3CH_2,\ CH_3CH_2CH_2,\ (CH_3)_2CHCH_2)$$

将 1.0 g PSTEA 用 20 mL 乙腈溶胀，然后加入 0.06 mol 氯化苄，0.075 mol 羧酸，0.090 mol 无水碳酸钾，在 80 ℃ 浴温下快速（>600 r/min）搅拌反应 4 h。再加水搅拌，过滤，分离，洗涤，干燥，蒸馏按沸程收集产品。分别合成了甲酸苄酯收率 73.2%，乙酸苄酯收率 94.4%，丙酸苄酯收率 95.9%，丁酸苄酯收率 95.3%，异戊酸苄酯收率 94.8%，而它们的空白实验值均小于 56%。

（4）催化合成苄叉丙酮[28]。

$$PhCHO + CH_3COCH_3 \xrightarrow[NaOH/H_2O]{PSTEA} PhCH=CHCOCH_3 + H_2O$$

将 1.0 g PSTEA 用 30 mL 丙酮溶胀，再加 30 mL 质量分数为 5% 氢氧化钠溶液，0.1 mol 新蒸的苯甲醛，在 20~25 ℃ 快速搅拌反应 30 min，再经中和、分离、苯萃取水层，洗涤干燥，蒸苯后减压蒸馏收集 142~148 ℃（2.27 kPa）的馏分为产品（文献沸点 261 ℃），收率为 92.5%，稍冷后凝固，熔点 39~41 ℃，而空白实验值均为 67.8%。

（5）催化合成 1-碘丁烷[28]。

$$n-BuBr + KI \xrightarrow[CH_3COCH_3]{PSTEA} n-BuI + H_2O$$

将 0.1 mol（13.7 g）溴丁烷，0.25 mol（41.5 g）碘化钾，2.0 mL 丙酮，在 1.0 g PSTEA 作用下回流搅拌反应 3 h。冷却，加水搅拌，滤出催化剂。有机层经水洗涤、干燥、蒸馏，收集 128~130 ℃ 的馏分为产品，收率达 70.5%，而空白值为 58.7%。

5.5 聚苯乙烯固载多-1,2-亚乙基多胺催化剂的制备及应用

5.5.1 制备方法[8]

（1）实验试剂及仪器。

氯甲基化二乙烯苯聚苯乙烯树脂：含氯 23.2%，交联度（二乙烯苯）4%，杭州余杭争光化工有限公司；多-1,2-亚乙基多胺，化学纯，宜昌试剂二厂（含量 90%，$n_D^{25} = 1.50 \sim 1.505$）；苯酚，使用前重蒸；溴丁烷等均为市售化学纯试剂。

PE-2400CHN 元素分析仪，510P 型傅立叶变换红外光谱仪。

（2）合成方法。

取 5.0 g 氯甲基聚苯乙烯树脂于三颈瓶中，加入 20 mL 多-1,2-亚乙基多胺，放置过夜，再在沸水浴上快速搅拌（>600 r/min）反应 3.0 h，冷却，加水搅拌，水洗至溶液透明并呈中性，再经乙醇洗涤至无色，至蒸发皿中水浴上干燥至恒重。所得树脂质量 5.7 g，质量增加 14%，进行元素分析、红外光谱分析，并参照文献测定交换量。

（3）合成树脂的表征。

由氯甲基聚苯乙烯与多-1,2-亚乙基多胺合成的聚苯乙烯多-1,2-亚乙基多胺树脂质量增加 14%，测定含 N 9.40%；总交换量 4.88 mmol/g 树脂，强碱交换量 2.11 mmol/g 树脂，弱碱交换量 2.77 mmol/g 树脂。

合成的聚苯乙烯多-1,2-亚乙基多胺树脂与原料树脂比较，吸收峰发生了明显变化，原料树脂在 1 264 cm^{-1} 和 673 cm^{-1} 处有较强的吸收峰，表明有大量—CH$_2$Cl 存在，而合成树脂中此两处的吸收峰很弱，难以发现，说明—CH$_2$Cl 中的 Cl 大部分被取代，在 3 376 cm^{-1} 出现较宽的吸收峰，说明 N—H 存在。由于有 N—H 弯曲振动使 1 676 cm^{-1} 的峰由弱变强。

通过上述分析，完全可以说明多-1,2-亚乙基多胺已结合到聚苯乙烯树脂上。

5.5.2 应用

作者利用聚苯乙烯多-1,2-亚乙基多胺树脂催化合成了正丁基苯基醚，并探讨了其相

转移催化作用机理。

(1)催化合成正丁基苯基醚。

在三颈烧瓶中加入 0.1 mol(9.4 g)新蒸苯酚,0.2 mol(11.2 g)氢氧化钾,20 mL 乙醇,1.0 g 催化剂,装上电动搅拌器进行搅拌 10~20 min,至大部分固体氢氧化钾溶解,再加入 0.3 mol(22.2 mL)正丁基溴,在 80 ℃ 水浴中快速搅拌(>600 r/min)反应 1 h。在反应过程中会析出大量白色固体(KBr)。稍冷后加水搅拌,进行抽滤,并用少量甲苯洗涤催化剂(催化剂留下)。滤液分离出有机层,用水洗涤 2 次,干燥,蒸馏。先收集前馏分,再收集 200~210 ℃ 的馏分为产品(文献沸点 210 ℃)。

前馏分经干燥后再蒸馏一次,按上述沸程收集,产品收率达 96%。

(2)催化作用机理。

合成的聚苯乙烯多 -1,2 -亚乙基多胺树脂在强碱性反应体系中呈季铵碱(以 Q^+OH^- 表示)存在。因此,它遵循高分子三相催化剂的反应过程。苯酚在乙醇溶液中与氢氧化钾作用形成 PhO^-。

$$PhOH + KOH \longrightarrow PhO^- + K^+ + H_2O$$

PhO^- 经外扩散、内扩散进入催化剂颗粒活性中心,发生交换反应:

$$Q^+OH^- + PhO^- \longrightarrow Q^+PhO^- + OH^-$$

在活性中心上 Q^+PhO^- 与 n – BuBr 发生反应:

$$Q^+PhO^- + n - BuBr \longrightarrow PhOBu - n + Q^+Br^-$$

$PhOBu - n$ 再通过内扩散、外扩散进入乙醇溶液中,而 Q^+Br^- 与 K^+ 反应生成不溶于乙醇的 KBr:

$$Q^+Br^- + K^+ + OH^- \longrightarrow Q^+OH^- + KBr \downarrow$$

Q^+OH^- 再重复上述催化过程。

聚苯乙烯多 -1,2 -亚乙基多胺可以作为高分子相转移催化剂催化合成正丁基苯基醚,其收率可达 96%,而且该催化剂能够重复使用,使用 4 次后活性几乎未降低,质量未下降,而且红外光谱证实其吸收峰未发生变化,是一种稳定的高分子相转移催化剂。

参考文献

[1]Yanagida S, Takahashi K, Okahara M. Solid-solid-liquid three phase transfer catalysis of polymer-bound acyclic poly(oxyethylene) derivatives. Applications to organic synthesis[J]. The Journal of Organic Chemistry, 1979, 44 (7): 1099 – 1103.

[2]梁逊, 齐红彦. 聚苯乙烯固载化聚乙二醇苄醚的合成、相转移催化及机理研究[J]. 高等学校化学学报, 1989, 10(6): 623 – 628.

[3]康汝洪, 李伟, 单颖, 等. 大孔聚苯乙烯树脂支载聚乙二醇的合成及其催化性能的研究[J]. 有机化学, 1990(1): 78 – 82.

[4]Regen S L, Dulak L. Solid phase cosolvents[J]. Journal of the American Chemical Society, 1977, 99(2): 623 – 625.

[5]文瑞明, 罗新湘, 丁亮中, 等. 聚苯乙烯二乙醇胺树脂催化合成丙酸苄酯的研究[J]. 有机化学, 2002, 22 (7): 504 – 507.

[6]俞善信, 欧植泽, 王彩荣, 等. 聚苯乙烯三乙醇胺树脂的合成与表征[J]. 合成化学, 1999, 7(1):

98 – 101.

[7] 俞善信, 龙立平, 文瑞明. 聚苯乙烯三乙醇胺树脂催化合成正丁基苯基醚[J]. 精细石油化工进展, 2001, 2(3)：3 – 5.

[8] 文瑞明, 雷存喜, 俞善信, 等. 聚苯乙烯多 – 1, 2 – 亚乙基多胺树脂催化合成正丁基苯基醚[J]. 离子交换与吸附, 2001, 17(4)：308 – 313.

[9] 俞凌翀. 基础理论有机化学[M]. 北京：人民教育出版社, 1983：268.

[10] 顾可权. 重要有机化学反应[M]. 二版. 上海：上海科技出版社, 1984：61.

[11] 俞善信, 刘文奇. 聚苯乙烯固载聚乙二醇的合成及表征[J]. 高分子学报, 1994(3)：269 – 275.

[12] 麦卡弗里 EL. 高分子化学实验室制备[M]. 蒋硕健, 王盈康, 译. 北京：科学出版社, 1981：80.

[13] 黄枢, 谢如刚, 田宝芝, 等. 有机合成试剂制备手册[M]. 成都：四川大学出版社, 1988：96.

[14] Pepper K W, Paisley H M, Young M A, et al. Properties of ion-exchange resins in relation to their structure. Part VI. Anion-exchange resins derived from styrene-divinyl-benzene copolymers[J]. Journal of The Chemical Society (resumed), 1953：4097 – 4105.

[15] 陈耀祖. 有机分析[M]. 北京：高等教育出版社, 1983：160.

[16] 俞善信, 杨建文. 聚苯乙烯固载化聚乙二醇的应用研究[J]. 湖南师范大学自然科学学报, 1991, 14(1)：61 – 65.

[17] 俞善信, 文瑞明. 相转移催化合成对硝基苯甲醚[J]. 精细化工中间体, 2003, 33(5)：19 – 20.

[18] 俞善信, 刘文奇. 聚苯乙烯固载聚乙二醇在有机合成中的应用(Ⅱ)[J]. 离子交换与吸附, 1992, 8(3)：211 – 216.

[19] Davidson D, Bernhard S A. The structure of Meldrum's supposed beta-lactonic acid[J]. Journal of the American Chemical Society, 1948, 70(10)：3426 – 3428..

[20] 俞善信, 杨建文. 聚苯乙烯固载聚乙二醇催化合成二茂铁[J]. 化学世界, 1991, 32(7)：308 – 310.

[21] 俞善信, 文瑞明, 丁亮. 高分子相转移催化剂在 α – 丁基苯乙腈合成中的应用[J]. 常德师范学院学报(自然科学版), 2002, 14(1)：74 – 76.

[22] 刘理中, 俞善信, 杨建文. 聚苯乙烯固载聚乙二醇催化酰胺的 N – 烷基化反应[J]. 湖南师范大学自然科学学报, 1995, 18(1)：37 – 41, 71.

[23] 俞善信, 杨建文, 李继芳. 聚苯乙烯固载聚乙二醇在邻苯二甲酰亚胺的 N – 烃基化反应中的相转移催化作用[J]. 离子交换与吸附, 1994, 10(2), 157 – 160.

[24] 俞善信, 杨建文. 相转移催化合成 N – 烷基咔唑[J]. 陕西化工, 1998, 27(2)：14 – 15.

[25] 杨建文, 俞善信, 刘理中. 聚苯乙烯固载聚乙二醇催化环己烯与二氯卡宾的加成反应[J]. 离子交换与吸附, 1994, 10(3)：253 – 257.

[26] 俞善信, 平伟军, 张鲁西, 等. 聚苯乙烯二乙醇胺树脂的合成与表征[J]. 合成化学, 1999, 7(3)：325 – 328.

[27] 俞善信, 平伟军, 曾佑林. 聚苯乙烯二乙醇胺树脂催化合成正丁基苯基醚[J]. 佛山科学技术学院学报(自然科学版), 2000, 18(3)：34 – 37.

[28] 俞善信, 刘美艳, 管仕斌, 等. 聚苯乙烯三乙醇胺树脂的相转移催化作用[J]. 湖南文理学院学报(自然科学版), 2005, 17(4)：20 – 22.

第6章

后交联树脂的绿色制备及对废水的处理

6.1 概述

大孔聚苯乙烯型树脂的传统合成方法是苯乙烯与二乙烯苯在致孔剂存在下进行自由基共聚合，聚合完成后将致孔剂提取出去即可得到大孔聚苯乙烯树脂。由于苯乙烯和二乙烯苯两种单体竞聚率的不同，其共聚物的结构是很不均匀的。"后交联"法是合成结构均匀的大孔树脂的一种方法，此方法是聚苯乙烯溶液或溶胀态低交联聚苯乙烯与双官能团或多官能团化合物进行化学反应，合成大孔树脂。后交联得到的大孔树脂不仅具有结构均匀的特点，还有许多其他优点，如很高的比表面积和比较大的孔容；作为吸附剂时，其吸附性能比具有相同比表面的其他吸附树脂好，树脂在聚苯乙烯的良溶剂和不良溶剂中都有很好的溶胀性能；由于交联桥的均匀分布，树脂溶胀后没有局部张力，因此，有很高的渗透稳定性；后交联树脂即使在高交联度下仍易进行功能基反应；机械强度大等[1]。

超高交联树脂在使用中仍存在一定问题[2]，主要包括：（1）苯乙烯系超高交联树脂表面的疏水性较强导致在实际应用中亲水性较差，在吸附极性溶剂中的溶质时，需要用极性溶剂（如甲醇、乙醇等）进行预处理，以增加苯乙烯系超高交联树脂的亲水性，增加了使用成本，而且会影响吸附效果；（2）超高交联树脂主要依靠物理吸附作用（包括微孔填充、毛细管凝聚、表面吸附等）吸附目标物质，这些作用对目标物质的选择性较弱，在多种有机物共存或目标有机物浓度较低的情况下吸附效果不理想；（3）超高交联树脂虽然具有一定数量的大孔结构，但孔径结构主要集中于中孔或微孔区域，较小的孔径能够对目标吸附质具有一定的选择性，但也大大降低了吸附质在树脂内部的扩散速率，从而影响了树脂的吸附速度；（4）由于超高交联树脂是人工合成的高分子聚合物，因此其一次性投资价格稍高于传统吸附剂活性炭，影响了超高交联树脂的推广应用。

针对超高交联树脂在使用中存在的问题，许多研究者提出了一系列的改善措施，其中对超高交联树脂表面进行化学修饰，改善树脂的亲水性，提高对目标污染物的吸附选择性和吸附容量，是目前最常用的改进措施。近年来，国内外学者在功能基（官能团）修饰的超高交联树脂的合成和应用研究方面取得了很多创新性成果[2]。

限于篇幅，本章重点介绍作者在超高交联树脂表面化学修饰及其对废水处理的研究成果。

6.2　后交联树脂的绿色制备及对废水的处理

传统后交联树脂制备时用硝基苯为溶剂[1]，其沸点高、易残留在树脂孔道中，且毒性极强、易致癌；在后交联树脂制备中用亚甲基、羰基为交联桥，所围成的孔小。针对后交联树脂制备的这两个缺点，作者研究了用 1，2 - 二氯乙烷为溶剂，通过加长交联桥的长度，将氯球中部分氯甲基修饰成中孔 - 大孔结构，合理调控后交联树脂的孔径两个方法。利用红外光谱、比表面积孔隙率分析测试仪等现代测试技术从分子水平研究后交联树脂的结构特征；利用密度泛函理论、吸附等温线、吸附热力学和吸附动力学，研究后交联树脂与典型吸附质之间的相互作用位点、吸附行为和吸附机制。

将氯球中二分之一氯甲基通过 Friedel - Crafts 反应设计合成后交联树脂中的微孔，二分之一氯甲基用 2 - 氨基吡啶等修饰保留中孔 - 大孔结构，制备带双重孔结构的后交联树脂。合成了对乙酰氨基酚、对甲基酚、乙酰苯胺、苯酚等为交联桥的后交联树脂，实验结果表明本研究合成的后交联树脂具有良好的孔结构、大吸附量的同时，又具有良好的吸附动力学性能。合成的树脂吸附性能优于商业化树脂，且树脂易于再生，在难降解化工废水治理方面有良好的应用前景[3-6]。

6.2.1　2 - 氨基吡啶修饰的超高交联树脂的制备及对水杨酸的吸附[3]

水杨酸又名邻羟基苯甲酸，具有酚和羧酸的双重性质。水杨酸及其衍生物是合成阿司匹林、冬青油、止痛灵以及甲基异硫磷等杀虫剂的主要原料。在水杨酸的生产过程中，排放出大量酸性强、色度深、难以生物降解的含高浓度水杨酸的废水。处理水杨酸生产废水的方法主要有萃取法、臭氧氧化法、光电催化法等。萃取法处理有机废水容易造成萃取剂的流失，导致新的污染物进入水环境。采用臭氧氧化法和光电催化法处理能耗大。树脂吸附法工艺简单，能耗低，不仅能实现废水的达标排放，而且能回收水杨酸。超高交联树脂比表面积高，吸附量大，孔径分布以微孔为主。在超高交联树脂结构中，引入氨基和吡啶基，可增强树脂对水杨酸的吸附。作者以二氯乙烷为溶剂，$FeCl_3$ 为催化剂，氯球发生 Friedel - Crafts 反应制备氯质量分数为 6.32% 的超高交联树脂(记为 GQ - 09)；将 GQ - 09 树脂进一步用 2 - 氨基吡啶修饰，制备超高交联树脂 GQ - 10。研究了 GQ - 10 树脂对水杨酸的吸附性能，可为树脂应用于水杨酸生产废水的处理提供参考。

(1)GQ - 10 树脂的制备与表征。

取氯球 42 g，在 420 mL 1，2 - 二氯乙烷中溶胀 10 h，加 8.4 g 无水 $FeCl_3$，在 60 ℃ 油浴下，搅拌反应 30 min。树脂依次用无水 C_2H_5OH、2 mol/L HCl、H_2O 和无水 C_2H_5OH 洗涤，再用含 1% HCl 的乙醇抽提 10 h，烘干得 GQ - 09 超高交联树脂。

取 GQ - 09 树脂 20 g，在 300 mL 1，4 - 二氧六环中溶胀 12 h，加 72.5 g 2 - 氨基吡啶，在氮气氛中设定温度 80 ℃，搅拌反应 12 h，树脂依次用 1，4 - 二氧六环、无水 C_2H_5OH 洗涤，再用 2% NaOH 溶液浸泡过夜，除去反应生成的酸，然后用水洗涤至中性；用无水 C_2H_5OH 抽提 12 h，于 50 ℃ 真空干燥得 GQ - 10 树脂。树脂合成方法见图 6 - 1。

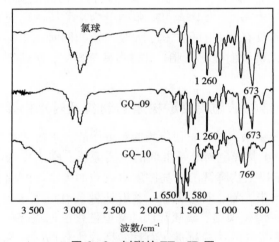

图 6 - 1　GQ - 10 树脂的制备

（2）树脂的表征。

采用 KBr 压片法在傅立叶变换红外光谱仪上测定树脂的红外光谱，氯球、GQ - 09 树脂和 GQ - 10 树脂的 FT - IR 图如图 6 - 2 所示。

图 6 - 2　树脂的 FT - IR 图

由图 6 - 2 可知：在 2 - 氨基吡啶修饰的 GQ - 10 树脂的 FT - IR 图中 1 260 cm^{-1} 及 673 cm^{-1} 附近氯甲基的 2 个特征峰已基本消失，1 580 cm^{-1} 处出现吡啶环的特征吸收峰，769 cm^{-1} 和 1 650 cm^{-1} 处出现 N—H 键的面外和面内弯曲振动吸收峰。

树脂中 Cl 元素的质量分数用 Volhard 法测定；树脂的含水量按 GB 5757—2008 的方法测定；树脂交换容量用酸碱中和滴定法测定。氯球和 GQ - 10 树脂的性能如表 6 - 1 所示。

表 6 - 1　氯球和 GQ - 10 树脂的性能

树脂	S_{BET} /(m^2 · g^{-1})	S_{micro} /(m^2 · g^{-1})	V /(cm^3 · g^{-1})	平均孔径 /nm	Cl 质量分数 /%	含水量 /%	全交换容量 /(mmol · g^{-1})
氯球	24.76	3.84	0.061 5	9.93	17.66	22.26	0
GQ - 10	520.11	273.62	0.230 0	2.78	1.18	57.07	1.83

　　从表 6 - 1 可以看出：氯球和 GQ - 10 树脂的氯质量分数分别为 17.66% 和 1.18% ；与氯球相比，2 - 氨基吡啶修饰的 GQ - 10 树脂全交换容量为 1.83 mmol/g；负载 2 - 氨基吡啶后，氨基、吡啶基可与水形成氢键，GQ - 10 树脂的含水量比氯球的高。

　　树脂的孔结构用 ASAP 2010 比表面测定仪测定。氯球和 GQ - 10 树脂的孔径分布如图 6 - 3。

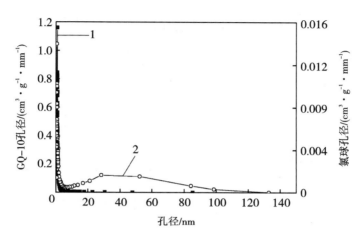

图 6 - 3　树脂的孔径分布图

1—树脂 GQ - 10 孔径；2—氯球孔径

　　由图 6 - 3 和表 6 - 1 可知：氯球发生 Friedel - Crafts 反应后，经亚甲基再次交联，形成了大量的微孔，BET 比表面积、微孔面积、孔容增加，孔径减少；GQ - 10 树脂的孔径以微孔分布为主，含有中孔(2 ~ 50 nm)和大孔(50 ~ 100 nm)。

　　(3)GQ - 10 树脂对水杨酸的吸附。

　　称取一定量的 GQ - 10 树脂于锥形瓶中，加入 50.00 mL 不同浓度水杨酸，于恒温振荡使吸附达到平衡，用紫外可见分光光度计在水杨酸最大吸收波长 296.1 nm 处测定吸附残液中水杨酸的质量浓度，根据下式计算 GQ - 10 树脂对水杨酸的吸附量：

$$q = \frac{(\rho_0 - \rho)V}{m}$$

式中：q 为树脂对水杨酸的吸附量(mg/g)；ρ_0 和 ρ 分别为吸附前和吸附后溶液中水杨酸的质量浓度(g/L)；V 为水杨酸溶液的体积(mL)；m 为 GQ - 10 树脂的质量(g)。

　　考察了 pH、NaCl 质量分数、温度和吸附时间对 GQ - 10 树脂吸附水杨酸的影响。结果表明，当 pH 为 2.16、温度为 298 K 时，GQ - 10 树脂对水杨酸的吸附量最大，780 min 达吸附平衡。当溶液中 NaCl 质量分数从 0 增加到 1% 时，GQ - 10 树脂对水杨酸的吸附量明显减少；当溶液中 NaCl 从 1% 增加到 9% 时，GQ - 10 树脂对水杨酸的吸附量只略减小。

　　(4)GQ - 10 树脂的解吸。

　　GQ - 10 树脂的解吸率见表 6 - 2。从表 6 - 2 可以看出：当解吸剂中乙醇浓度从 20% 增加到 100% 时，解吸率增加，乙醇能把 GQ - 10 树脂吸附的水杨酸解吸，说明 GQ - 10 树脂可通过疏水作用吸附水杨酸；0.5 mol/L HCl 能将 GQ - 10 树脂吸附的水杨酸解吸，说明 HCl 中和了 GQ – 10 树脂中氨基、吡啶基的碱性，反过来说明 GQ – 10 树脂可通过酸碱作用吸附水杨酸；1.0 mol/L NaOH 尚不能将 GQ – 10 树脂吸附的水杨酸 GQ – 10 完全解吸，也说明 GQ – 10 树脂与水杨酸阴离子中间存在疏水作用。GQ – 10 树脂可用 80% 乙醇 + 0.5 mol/L NaOH 解吸，解吸率为 99.41%。GQ – 10 树脂吸附解吸循环 10 次，其性能无明显变化。

表 6 – 2　GQ – 10 树脂的解吸率（%）

树脂	20% 乙醇	40% 乙醇	60% 乙醇	80% 乙醇	100% 乙醇	0.5 mol/L HCl	0.5 mol/L NaOH	1.0 mol/L NaOH	80% 乙醇 + 0.5 mol/L NaOH
GQ – 10	18.70	28.28	35.51	38.39	41.22	40.86	89.19	89.34	99.41

综上所述，用氯球为原料，通过两步反应可制备 2 – 氨基吡啶修饰的 GQ – 10 超高交联树脂。GQ – 10 树脂在 pH 为 2.16 时对水杨酸的吸附性能最好。GQ – 10 树脂吸附的水杨酸可用 80% 乙醇 + 0.5 mol/L NaOH 解吸，解吸率为 99.41%。GQ – 10 树脂在含水杨酸废水的处理方面具有潜在应用价值。

6.2.2　苯酚为交联桥超高交联树脂的制备及对对硝基苯胺的吸附[4]

在 300 mL 1，2 – 二氯乙烷中加入 30 g 氯球室温下溶胀 12 h，加入 3.0 g 苯酚和 7.5 g FeCl₃，353 K 反应 10 h，树脂用含 1% HCl 的乙醇溶液抽提 10 h，真空干燥得到苯酚为交联桥的超高交联树脂（简记为 GQ – 05），用甲基酚代替苯酚制备甲基酚为交联桥的超高交联树脂（简记为 GQ – 03），研究微孔中立体位阻对聚合物吸附剂吸附对硝基苯胺吸附量和吸附速率的影响。实验结果表明：树脂对对硝基苯胺的吸附速率和吸附量 GQ – 05 > GQ – 03。树脂吸附前后孔结构分析表明：后交联树脂中微孔的立体位阻对树脂的吸附量和吸附速率有重要的影响，且 GQ – 05 对对硝基苯胺的吸附量和吸附动力学优于商业树脂。GQ – 03 和 GQ – 05 树脂合成方法见图 6 – 4，树脂对对硝基苯胺的动态吸附见图 6 – 5。

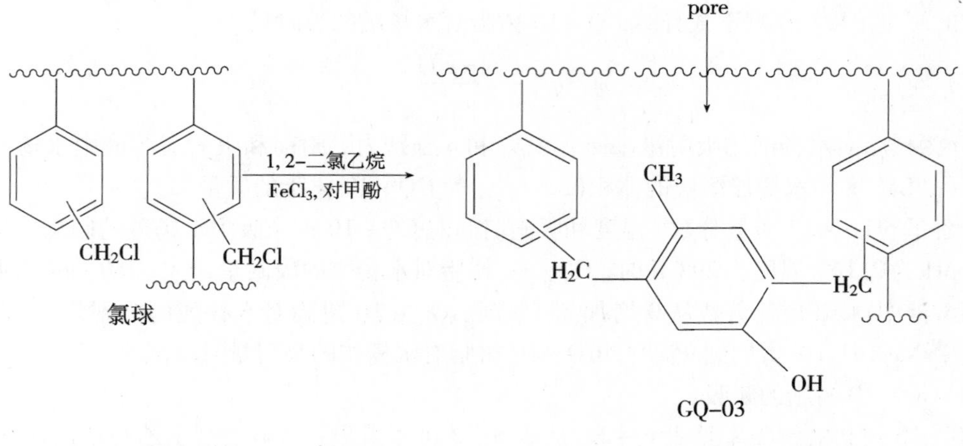

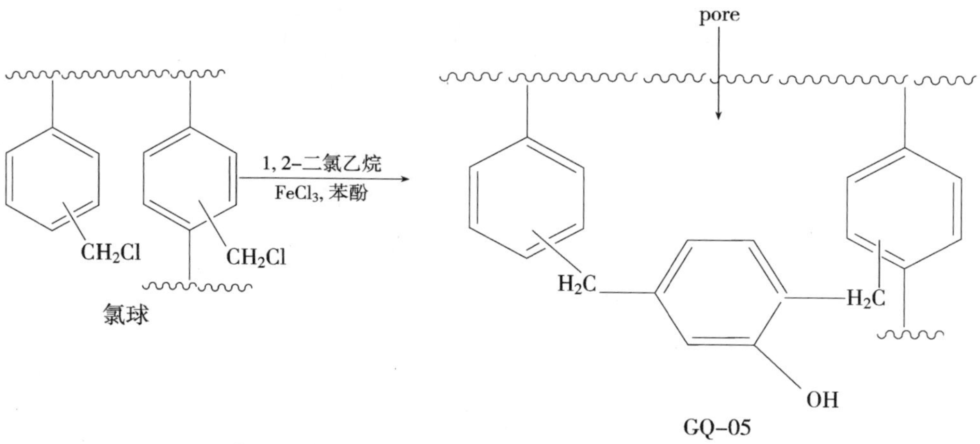

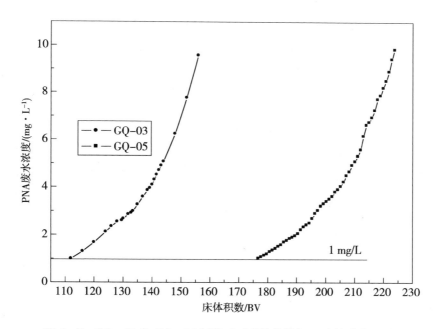

图 6 – 4　GQ – 03 和 GQ – 05 树脂的合成

图 6 – 5　GQ – 03 和 GQ – 05 树脂对对硝基苯胺(PNA) 的动态吸附

6.2.3　高微孔面积后交联树脂的制备及对茶碱和磺胺的吸附[5-6]

称取 100 g 氯球，在室温下用 500 mL 1，2 – 二氯乙烷溶胀 12 h。在机械搅拌下加入 25 g 无水 $FeCl_3$，加热回流 12 h，然后冷却到室温，过滤。再用乙醇、1 mol/L HCl、水和乙醇洗涤树脂，以含有 1% HCl 的乙醇为溶剂用索氏提取器抽提 12 h。晾干后，313 K 真空干燥制得后交联树脂(记为 GQ – 06)。树脂的 FT – IR 图见图 6 – 6。

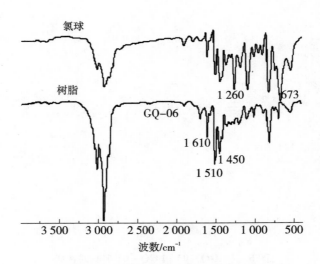

图 6 - 6 GQ - 06 树脂的 FT - IR 图

由图 6 - 6 可知，GQ - 06 树脂和氯球比较，GQ - 06 树脂的 FT - IR 图中 1 260 cm^{-1} 及 673 cm^{-1} 处氯甲基的两个伸缩振动吸收峰已基本消失，在 1 610、1 510、1 450 cm^{-1} 处出现了苯环的伸缩振动吸收峰，说明 GQ - 06 树脂已成功合成。

树脂的比表面积如表 6 - 3、孔径分布如图 6 - 7 所示。

表 6 - 3 树脂的特征

树脂	$S_{BET}/(m^2 \cdot g^{-1})$	$S_{micro}/(m^2 \cdot g^{-1})$	$V/(cm^3 \cdot g^{-1})$	平均孔径/nm
氯球	24. 76	3. 84	0. 13	9. 93
GQ - 06	1 429. 94	1 222. 77	0. 82	2. 31
NDA - 150	1 109. 88	714. 96	0. 61	2. 21
H103	1 069. 47	458. 65	0. 95	3. 55
NDA - 88	531. 12	278. 01	0. 37	2. 77
XAD - 4	950. 95	46. 02	1. 21	5. 25

由表 6 - 3 可知，GQ - 06 树脂的比表面积高达 1 429. 94 m^2/g，微孔面积为 1 222. 77 m^2/g，微孔面积占总比表面积的 85. 51%，树脂微孔丰富。GQ - 06 树脂属后交联树脂，交联桥将溶胀氯球的苯环再次交联形成后交联树脂，将溶胀氯球中的苯环再次交联的过程中，"溶胀"氯球中高分子链所围成的不同大小的孔被交联桥再次分割形成新的孔，与氯球比较，GQ - 06 树脂的比表面积和孔容增加，孔径减小。从图 6 - 7 可以看出，GQ - 06 树脂微孔丰富，且呈现双峰孔分布特征。

作者研究了 GQ - 06 树脂对茶碱的吸附性能。实验结果表明：GQ - 06 树脂对茶碱的吸附能力依次顺序为 XAD - 4 < NDA - 88 < H - 103 < NDA - 150 < GQ - 06，吸附能力与树脂的

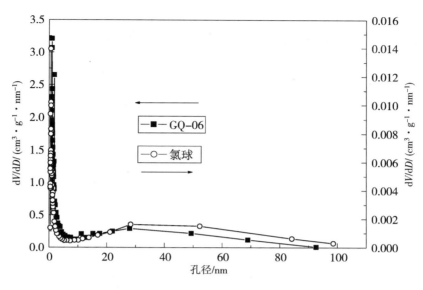

图 6 - 7　GQ - 06 树脂的孔径分布

微孔面积顺序一致。pH 对 GQ - 06 树脂吸附茶碱有重要的影响，吸附量随 pH 的变化趋势与茶碱的解离曲线一致。GQ - 06 对茶碱的吸附能力随着溶液中离子强度的增加而增加，这主要是疏水效应的影响。根据 GQ - 06 树脂的双峰孔分布特征，可以用一级速率方程描述茶碱在 GQ - 06 树脂上的两个吸附阶段。GQ - 06 树脂对茶碱的吸附等温线适用 Freundlich 方程。此外，作者还研究了该树脂对磺胺的吸附性能，研究结果表明，GQ - 06 树脂对磺胺的吸附性能优于商业 NDA - 150、H - 103、NDA - 88 和 XAD - 4 树脂；当溶液 pH 大于 5 时，磺胺以分子形式存在，GQ - 06 树脂对磺胺的吸附量最好；GQ - 06 树脂吸附磺胺 420 min 达平衡。100% C_2H_5OH 做解吸剂时，解吸率高达 99.32%。

参考文献

[1] 张全兴，阎虎生，何炳林. 低交联聚苯乙烯后交联的研究（Ⅰ）[J]. 高等学校化学学报，1987，8（10）：946 - 951.

[2] 承玲，许正文，韩青，等. 超高交联树脂的功能基化及应用研究进展[J]. 高分子通报，2014（3）：23 - 29.

[3] 文瑞明，游沛清，刘爱姣，等. 2 - 氨基吡啶修饰的超高交联树脂对水杨酸的吸附性能[J]. 中南大学学报（自然科学版），2016，47（3）：724 - 729.

[4] Xiao Guqing, Wen Ruimin, Wei Dongmei, et al. Effects of the steric hindrance of micropores in the hyper-cross-linkedpolymeric adsorbent on the adsorption of p-nitroaniline in aqueous solution [J]. Journal of Hazardous Materials, 2014, 280: 97 - 103.

[5] Xiao Guqing, Wen Ruimin, Wei Dongmei, et al. A novel hyper-cross-linked polymeric adsorbent with high microporous surface area and its adsorption to theophylline from aqueous solution [J]. Microporous and Mesoporous Materials, 2016, 228: 168 - 173.

[6] 肖谷清，杨亚运，文瑞明. 高微孔面积后交联树脂的制备及对磺胺的吸附性能[J]. 环境化学，2014，33（7）：1167 - 1172.

后　记

　　该书主要总结了作者 10 多年来从事功能树脂研究的成果，研究项目先后三次得到了湖南省科技厅的立项资助，分别是：2005 年立项资助的一般项目"新型高分子树脂固载稀土催化剂研究"（05FT1057）、2013 年立项资助的重点项目"中孔型后交联树脂的绿色制备及性能研究"（2013WK2008）、2018 年立项资助的科技创新重点研发项目"益阳黑茶四种典型活性功能成分协同高效分离及应用研究"之子课题三"高选择性新型树脂的制备及纯化四种典型活性功能成分的研究"（2018NK2036）。以上 3 个项目作者均为项目主持人，前后有俞善信、肖谷清、刘长辉、胡拥军、游沛清、杨小平、刘石泉、李滔滔、赵新民、聂伟安、齐风佩等参与了项目的研究，本书是课题组成员集体智慧的结晶。研究成果"中孔型后交联树脂的绿色制备及废水处理新技术集成与应用"2009 年获湖南省科技进步三等奖；书中引用了作者发表的论文 26 篇，其中 SCI 收录论文 3 篇、EI 收录论文 3 篇。

　　本书的撰写得到了俞善信教授和肖谷清教授的大力支持与指导，他们认真审阅了书稿并提出了许多宝贵的意见与建议，在此，作者深表谢意！同时，对参与课题研究、无私奉献的全体同仁表示衷心的感谢！

图书在版编目(CIP)数据

功能树脂的绿色制备及应用 / 文瑞明著. —长沙：
中南大学出版社, 2020.10
ISBN 978 - 7 - 5487 - 4071 - 1

Ⅰ.①功… Ⅱ.①文… Ⅲ.①高分子材料－树脂基复
合材料－研究 Ⅳ.①TB333.2

中国版本图书馆 CIP 数据核字(2020)第 127707 号

功能树脂的绿色制备及应用
GONGNENG SHUZHI DE LÜSE ZHIBEI JI YINGYONG

文瑞明　著

□责任编辑	刘锦伟	
□责任印制	易红卫	
□出版发行	中南大学出版社	
	社址：长沙市麓山南路	邮编：410083
	发行科电话：0731 - 88876770	传真：0731 - 88710482
□印　　装	长沙鸿和印务有限公司	

□开　　本	787 mm×1092 mm 1/16	□印张 8.25	□字数 206 千字	
□版　　次	2020 年 10 月第 1 版	□2020 年 10 月第 1 次印刷		
□书　　号	ISBN 978 - 7 - 5487 - 4071 - 1			
□定　　价	36.00 元			